好孩子的
自然观察课

卢元　郭卫珍　莫海波　等著

商务印书馆

创于1897　The Commercial Press

罗凌

叶盲症

孙志尊

南门野客

桐花如雪

马奇朵

青冈

卢元

许剑珍

拾翠

金强

李姚昕

作者群像

大花_痴花

吴帅来

朱仁斌

常光辉

莫海波

郭卫珍

朱攀

曾佑派

王正伟

李晓晨

夏文通

献给
所有热爱大自然的
好孩子

目录

第一章

在深入了解之前

　　叶是种子植物制造有机养料的重要器官，其主要作用是实现光合作用和蒸腾作用。

　　植物的花期不会在植物的生命周期中一直持续，而叶却几乎能在植物的生命历程中一直存在。如果只依靠花朵或者果实来辨别植物，那么在花果期之外我们就会一筹莫展。而且很多植物的花或者果十分相近，在无法依靠繁殖器官来确切地分辨植物的种类时，植物的营养器官就成了分类的重要依据。而叶，是植物最容易被注意到的营养器官。

　　所以了解叶、熟悉叶，是认知植物的过程中不可或缺的一环。

叶片的结构

　　植物的叶由叶片、叶柄、托叶三部分组成。

　　叶片是叶的主要部分，叶柄是叶片与茎相连的细长柄状的部分，托叶是叶柄基部两侧所生的小叶状物。

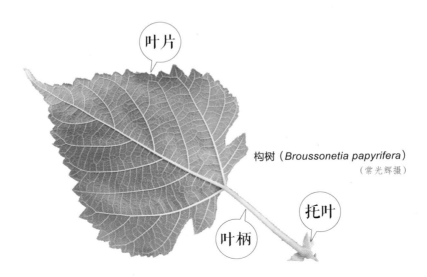

叶片

构树（*Broussonetia papyrifera*）
（常光辉摄）

叶柄

托叶

　　具有叶片、叶柄和托叶三部分的叶为完全叶。只有其中一部分或两部分的为不完全叶。在实际观察中要注意，某些植物的托叶其实是在很早就脱落了，而不是没有托叶。

　　叶柄、小叶柄、叶片或小叶片基部比较膨大的部分称为叶枕。叶枕内有贮水细胞，通过这些细胞的膨胀与收缩，叶枕能够调节叶片的方向。

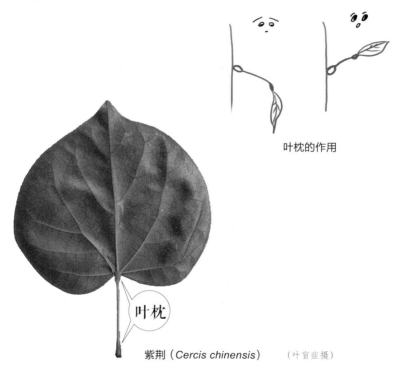

叶枕的作用

叶枕

紫荆（*Cercis chinensis*）　　（叶盲症摄）

　　叶片基部或叶柄形成的包围茎的鞘状结构称为叶鞘。狗尾草是禾本科植物，其叶基部扩大成叶鞘，包围着茎秆，能够保护幼芽生长（以及居间生长），同时加强茎的支撑作用。蓼科植物的叶鞘是由托叶形成的，称为托叶鞘。

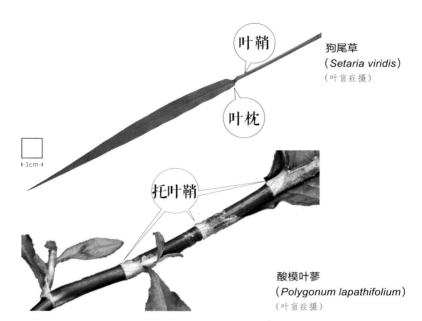

叶鞘

叶枕

托叶鞘

狗尾草
(*Setaria viridis*)
（叶盲症摄）

⊢1cm⊣

酸模叶蓼
(*Polygonum lapathifolium*)
（叶盲症摄）

在对叶片进行描述的时候，还常常把叶片划分为三个部分。含叶尖的一段称为上部，含叶基的一段称为下部，中间的那一部分称为中部。

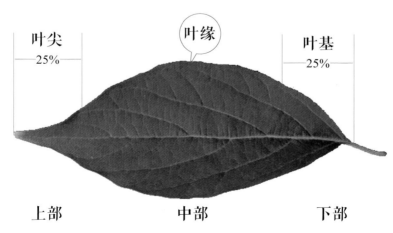

叶尖
25%

叶缘

叶基
25%

上部　　　　　　中部　　　　　　下部

金银忍冬 (*Lonicera maackii*)　　　　　　　　　　（叶盲症摄）

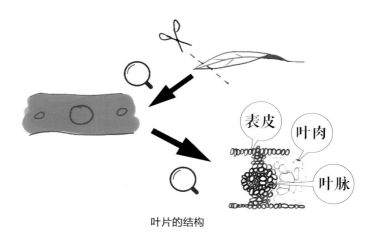

表 皮　　叶 肉

叶 脉

叶片的结构

　　表皮是覆盖在叶片上下表面的一层或多层细胞。由多层细胞组成的表皮称为副表皮（例如夹竹桃）。组成表皮的植物细胞一般不含有叶绿体。表皮上有一类细胞可以通过膨胀或收缩在细胞间形成空隙，这些空隙就是叶片上的气孔。

　　叶肉是上下表皮之间的绿色组织的统称，有制造和储藏养料的作用。这里是叶绿体的"大本营"。

　　叶脉是埋在叶肉中的维管组织，有输导和支持的作用。

　　表皮、叶肉和叶脉是叶的三种基本结构。不同种类的植物都具有这三种基本结构，只是在形状、数量和排列上有所不同。

夹竹桃（*Nerium oleander*）　（吴帅来摄）

光合作用

你可以直接跳过这部分进入下一章，因为这部分内容可能稍微有些枯燥。如果你愿意认真阅读这一章，那么恭喜你！你是个拥有好奇心和强烈求知欲的人！

植物的叶子到底有什么用？聪明的我们当然首先想到吃——大白菜、卷心菜、菠菜、韭菜、生菜都是用来吃的叶子。除此之外，颠茄、毛地黄的叶子可以用来提取药物，留兰香的叶子可以提取香精，剑麻的叶子可以造纸，桑叶可以养蚕，蒲葵叶可以做成扇子，甚至苘麻的叶子还可以在野外出恭时用作上好的手纸……

但是这些用处是对我们人类而言的。对植物而言，叶子有什么用呢？叶子最重要的用处就是：它是光合作用的场所，它为植物制造养分。

植物通过光合作用吸收二氧化碳、释放氧气并制造养分。一个二氧化碳分子包含一个碳原子和两个氧原子，一个氧分子包含两个氧原子。进来二氧化碳、产出氧气，那么其中的碳哪里去了？这个碳原子被植物扣下了，用来合成碳水化合物了。

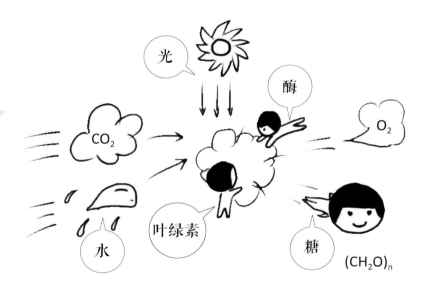

只看头尾，不要中间的话，这一系列反应可简化为：

$$二氧化碳 + 水 \xrightarrow{\text{光 + 叶绿素 + 酶}} 葡萄糖 + 氧气$$

我们把光合作用中的一系列反应划分为两个阶段：光反应和暗反应。光反应必须要有光的参与，暗反应没有光时也能进行。暗反应这个词容易让一些喜欢望文生义的懒家伙产生误会，认为此反应必须要在暗处进行，事实上，在有光的情况下暗反应也能进行。因为这个阶段是把二氧化碳中的碳留在植物体内，用以合成养分。因此这个阶段又被称为碳反应阶段。

在光反应阶段，没有二氧化碳参与，只有光、水和叶绿体（其中包含叶绿素、类胡萝卜素等光合色素以及酶）参与。在这个阶段，水被分解为氢离子和氧气，同时在酶的催化作用下将 ADP（二磷酸腺苷）转化为 ATP（三磷酸腺苷）。

美国科学家鲁宾（Samuel Ruben）和卡门（Martin Kamen）曾做过实验，用包含氧的同位素 O-18 的水和碳酸氢盐（用以提供二氧化碳）作为原料来观察光合作用，实验对象为小球藻（*Chlorella pyrenoidosa*）。如果使用的水或者碳酸氢盐中的氧全部都是 O-18，成本未免太高了些。事实上，只需要比较生成物与原料中的 O-18 含量比率即可。

例如：使用的水中每一千个氧原子中包含两个 O-18，其余都是普通的 O-16；而使用的碳酸氢盐中，每一千个氧原子中有四个是O-18。对生成物氧气的测量结果表明，其中的 O-18 含量为千分之二。无论碳酸氢根中的 O-18 含量如何变化，氧气中的 O-18 含量总是千分之二！

后来其他一些实验（使用向日葵、紫苏作为实验对象），也都证实了光合作用中产生的氧气来自水。

在碳反应（即暗反应）阶段，经由多种酶的参与，二氧化碳首先与二磷酸核酮糖反应，然后经由一系列复杂的反应，生成葡萄糖。

至此，我们可以很明确地知道：光合作用并不是对二氧化碳进行分解，留下碳并释放氧气；而是分解水分子释放出氧气，并将二氧化碳完全用于合成糖类。

　　我们先说说卡尔文（Melvin Calvin）。1997 年 1 月 8 日下午，这位因解密光合作用而在 1961 年获得诺贝尔化学奖的美国劳伦斯伯克利国家实验室的科学家去世了，那一天是星期三。卡尔文生于明尼苏达州的圣保罗市，是俄国移民的后代。他在获得博士学位后进入加利福尼亚大学伯克利分校任教。据说在 1945 年 9 月 2 日（这一天日本政府的代表登上美军战舰"密苏里号"的甲板，并在投降书上签字），放射物实验室的主管对他说："现在是时候用放射性碳做一些有用的事了。"

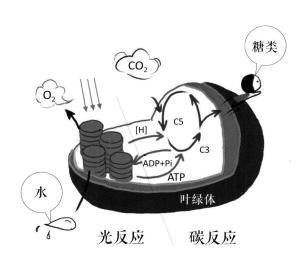

　　于是，卡尔文和同事利用 C-14 示踪，前后花了……呃……大概九年，彻底搞清了在光合作用中碳从二氧化碳转化为碳水化合物的途径。因此，光合作用中的这个过程被称为卡尔文循环。

　　整个循环过程从二氧化碳与含有五个碳原子的分子（即双磷酸核酮糖，简称 C5）发生反应开始，首先生成含有三个碳原子的化合物（3-磷酸甘油酸，简称 C3），并在一系列反应之后，生成糖类以及一开始参与反应的那种含有五个碳原子的分子。

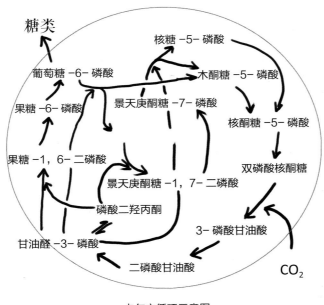

卡尔文循环示意图

只通过卡尔文循环这一种途径来固定二氧化碳的植物被称为 C3 类植物。但是在 20 世纪 60 年代，澳大利亚的科学家发现，某些植物（比如玉米、甘蔗等）除了卡尔文循环外，还有另外一种固定二氧化碳的途径。在这一途径中，二氧化碳起初和含有三个碳原子的分子结合，形成一种含四个碳原子的分子（简称 C4），从而"抓住"二氧化碳；在经过一系列反应后，二氧化碳被重新释放出来，进入卡尔文循环；最终生成一开始参与固定二氧化碳的那种含有三个碳原子的分子（磷酸烯醇式丙酮酸）。

具有这种额外的固碳循环方式的植物被称为 C4 类植物。与 C3 类植物相比，C4 类植物的固碳效率更高。

还有一部分植物具有与 C4 类植物类似的固碳途径。由于这种方式首先在景天科植物内被发现，所以这种代谢过程又被称为景天酸代谢。当然，这并不是说只有景天科植物才具有这种代谢模式，仙人掌也有这种模式。在这种模式中，固碳循环的周期很长：植物先要在夜间开放气孔，抓住二氧化碳；然后在白天释放二氧化碳，并把二氧化碳送入卡尔文循环。

显然，这种方式非常适合生长在热带干旱地区的植物。那里昼夜温差大，植物可以在白天关闭气孔避免水分流失，然后在夜晚打开气孔吸收二氧化碳。

　　还记得前面说过在光反应阶段水被分解为氢离子和氧气吗？注意到了吗？这个过程中电荷是不平衡的。实际上水被分解成了氧气、氢离子和电子。这个电子去了哪里？它去叶绿素那里了。

　　叶绿素多了一个电子，电荷就不平衡了吧？不会的！

　　原来，叶绿素吸收特定波长的光之后会激发出一个电子，也就是说叶绿素失去了一个电子；而来自水分子的这个电子正好补上叶绿素失去的那个电子的空缺。

　　在光合作用的过程中，电子在不同物质间传递的路径被称作电子传递链。研究这个路径是一件很有趣的事情。

　　此外，前面提到的 ATP 和 ADP 我们还没有详细说过，某些细菌能够进行另一种光合作用，这些都可以仔细说说……

赏叶

榆叶梅（*Amygdalus triloba*）（叶盲症摄）

山楂属（*Crataegus* sp.） （叶盲症摄）

金叶榆（*Ulmus pumila* 'Jinye'） （叶盲症摄）

蔷薇属（*Rosa* sp.） （叶盲症摄）

紫叶矮樱（*Prunus × cistena*）
（叶盲症摄）

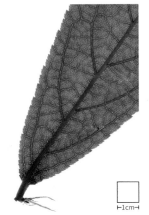

麦李（*Cerasus glandulosa*）
（叶盲症摄）

地榆（*Sanguisorba officinalis*）　（叶盲症摄）

长叶二裂委陵菜（*Potentilla bifurca* var. *major*）

（叶盲症摄）

葫芦茶（*Tadehagi triquetrum*）
（叶盲症摄）

一球悬铃木（*Platanus occidentalis*）
（叶盲症摄）

皱皮木瓜（*Chaenomeles speciosa*）
（叶盲症摄）

第二章

叶形

叶形类型

针形

不是这种针！

特点

细长，先端尖锐。

横切面菱形或近圆形。

油松（*Pinus tabuliformis*） 油松是我国特有树种，产于我国东北、华北、西北等地。在北方的园林中多有应用。

（叶盲症摄）

钻形

不是这种钻！

特点

狭长，自基部至顶端渐变细瘦而顶端尖。横切面菱形或近圆形。

　　裸子植物异叶南洋杉、柳杉、池杉的叶都是钻形叶。

异叶南洋杉（*Araucaria heterophylla*）　异叶南洋杉原产于大洋洲。在我国南方有引种栽培，作为庭院美化植物；在北方则只能在温室中看到她的芳容。

（叶盲症摄）

水杉 （叶盲症摄）

条形

特点

叶片扁平、狭长，两侧叶缘近平行。长约为宽的五倍以上。

需要注意的是，有些书籍或杂志将这种叶形的英文"linear"翻译为"线形"，实则应为"条形"。

水杉（*Metasequoia glyptostroboides*）　水杉是我国特有的古老稀有的珍贵树种。自其被发现后至今，已在我国多处地区人工繁育栽培，也有许多国家从我国引种栽培。水杉能在零下三十余度的野外度过冬天。 （叶盲症摄）

披针形

特点

叶片较条形为宽，由下部至先端渐次狭尖。

垂柳 （叶盲症摄）

垂柳（*Salix babylonica*） 我国有柳属植物约四百种（包括变种及变型）。其中垂柳较常见。因其枝叶下垂、姿态飘逸且耐旱耐涝，自古就颇受人们喜爱。常植于堤岸、道路两侧。

（叶盲症摄）

椭圆形

特点

叶片中部宽而两端稍狭，两侧叶缘
弧形。

樟　　　　　　　　　　（桐花如雪摄）

樟（*Cinnamomum camphora*）　樟树又称香樟，是一种产于我国南方及西南地区
的常绿高大乔木，其茎、叶、枝、根均可以提取樟脑和樟油。　　　　　（许剑珍摄）

卵形

特点

叶片下部宽阔，上部稍狭。

　　紫丁香、欧丁香、暴马丁香、北京丁香等丁香属植物都有卵形叶。具卵形叶的常见植物还有金银花等。

紫丁香（*Syringa oblata*） 紫丁香产于我国华北、东北、西南等地，在我国北方多地用于庭院美化栽培。

（孙志尊摄）

菱形

特点

叶片呈等边斜方形。

乌桕　（许剑珍摄）

　　乌桕的叶片通常为菱形或者菱状卵形。注意"菱状卵形"这一描述，后面我们还会谈到它。

　　菱、野菱、乌菱的浮水叶片也有菱形或近菱形叶。

乌桕（*Sapium sebiferum*）　乌桕在我国主要分布于黄河以南地区。南方的一些城市将它用作行道树。

（叶盲症摄）

心形

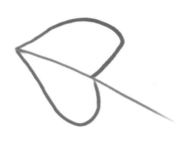

牵牛 　　　　　　　（叶盲症摄）

特点

叶片下部广阔，基部凹入。

　　牵牛和紫荆的叶片中都有心形叶。

圆叶牵牛（*Ipomoea purpurea*）　牵牛几乎在我国各地都能见到，有野生也有栽培。因花朵多在清晨绽开，到下午就开始凋零，所以在日本牵牛还有个名字叫"朝颜"。它是日本园艺界的宠儿之一。

（叶盲症摄）

肾形

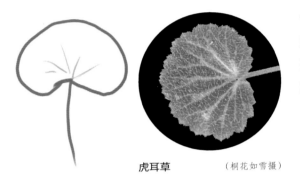

虎耳草 　　　　（桐花如雪摄）

特点

叶片基部凹入成钝形，先端钝圆、横向较宽。

虎耳草的叶片中就有肾形叶。活血丹的叶片中也有肾形叶（见第 50 页）。

虎耳草（*Saxifraga stolonifera*）　虎耳草产自我国华东、华中、西南等地，是一种多年生草本植物。

　　　　　　　　　　　　　　　　　　　　　（罗凌摄）

圆形

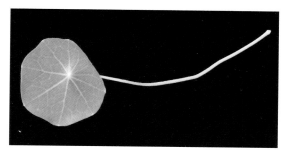

特点

叶片轮廓呈圆形。

旱金莲 （桐花如雪摄）

旱金莲（*Tropaeolum majus*） 旱金莲原产南美，已在我国引种为栽培观赏植物。

（莫海波摄）

剑形

蝴蝶花　（桐花如雪摄）

特点

叶片坚、厚、强壮，具尖锐顶端，是一种特殊
的条形叶。

　　许多鸢尾属植物具有剑形叶，如蝴蝶花的叶片就是典型的剑
形叶。

蝴蝶花（*Iris japonica*）　蝴蝶花在我国华东、华南、西南等地都有分布，一些南方
城市的园林绿化中也多有采用。
　　　　　　　　　　　　　　　　　　　　　　　　　　（罗凌摄）

三角形

特点

叶片轮廓近似三角形。

杠板归

（莫海波摄）

杠板归（*Polygonum perfoliatum*） 杠板归是一种一年生草本植物，分布于我国大部分地区，在田边、路旁常见。

（莫海波摄）

箭形

特点

叶片形状与箭头近乎一样。

慈姑（*Sagittaria trifolia var. sinensis*）　慈姑几乎在全国各地都有分布，生于湖泊、池塘和沼泽等处。也有不少公园将其作为水生植物栽培。　（叶盲萱摄）

扇形

特点

叶片呈扇形（这个扇形指的是数学中的扇形，即圆形的一部分，与扇子无关，尽管形状确实很像打开的折扇）。

银杏 （叶盲症摄）

银杏（*Ginkgo biloba*） 银杏作为我国本土特有的"孑遗植物"，在国内几乎家喻户晓。全国各地均有栽培，很多城市将其作为行道树。 （叶盲症摄）

矩圆形

山槐

（卢元摄）

特点

在叶片中部（至少包含中间的三分之一），两侧相对的叶缘近乎平行。

　　山槐的小叶为矩圆形。喜旱莲子草、莼菜也有矩圆形的叶片。

山槐（*Albizia kalkora*）　山槐产于我国华北、西北、华东、华南至西南部各省区。

（许剑珍摄）

琴形

琴叶榕

（南门野客摄）

琴叶榕（*Ficus pandurata*）

（桐花如雪摄）

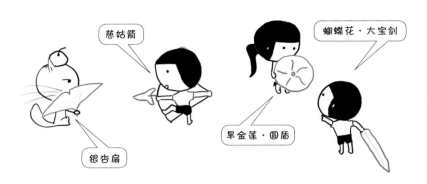

慈姑箭

蝴蝶花·大宝剑

旱金莲·圆盾

银杏扇

大自然造化万千，植物叶片的形态也是千变万化。同一种植物的叶片可能会有多种形状，甚至同一株植物上也会出现不同的叶形（比如构树、桑树）。前面的总结只是依照植物叶片的形态对叶形所做的一些简单归纳，但是植物不会完全依照教科书上的样子去生长。所以在现实中，我们还会对这些基本形态术语加一些词汇做修饰，来描述叶片的真实形状。比如前面提到，乌桕的叶子有菱状卵形。同样，有些植物的叶片可能会是倒卵形、倒披针形、长椭圆形、三角状戟形，等等。

山尖子（*Parasenecio hastatus*）
叶片为三角状戟形。

（孙志尊摄）

孑遗植物

我们先来补一下"地质时代"的课。注意前面两个字："地质"。这意味着，地质时代是通过地质学方法来测定的。人们通过相应的各种技术手段分析地壳，将地球诞生以来的年代做了划分。最久远的时期叫作太古代，然后分别是元古代、古生代、中生代、新生代。

中生代始于距今大约 3 亿年前，这一时期又被划分为我们熟悉的三叠纪、侏罗纪和白垩纪；之后是新生代，其中第三纪始于大约距今 6500 万年前；距今 180 万年前，第四纪开始。

在第三纪末期，地球上发生了强烈的造山运动——地壳局部大规模隆起形成山脉。紧接着，气候急剧变化、冰川发生，大多数植物濒于灭绝。那些曾经昌盛一时的植物种族，仅有极少数生长在优越地理位置的种类侥幸留存下来。但是它们的亲族都已灭绝，我们只能从化石中去寻找它们曾经存在的痕迹。这类存活至今的植物就被称为孑遗植物。通过对孑遗植物的观察与研究，我们能够想象它们亲族的模样与习性。所以这些孑遗植物也被人称作"活化石"。

银杏这种家喻户晓的植物就是"活化石"之一，在第三纪地层中曾有化石被发现。现在它的亲族都已经死翘翘了。在侏罗纪时代，银杏曾广泛分布于北半球。但是在第四纪，也就是大约 50 万年前，全球绝大部分地区的银杏都灭绝了。

水杉是我国特有的一种孑遗植物，它的叶子呈条形。经过多年的人工繁育，水杉还是比较容易见到的。我国很多地方都把水杉作为绿化树种。

此外还有珙桐，它也是我国特有的孑遗植物，其叶阔卵形或近圆形。

珙桐（*Davidia involucrata*）　　　　　　　　　　　（叶盲症摄）

同为孑遗植物的杜仲，已在我国各地广泛栽培，其叶椭圆形、卵形或矩圆形。

杜仲（*Eucommia ulmoides*）　　　　　　　　　　　（叶盲症摄）

银杏

银杏没有任何近亲,独自"占领"着银杏目、银杏科、银杏属,是这个家族中唯一的成员,这在当今地球的种子植物中是独一无二的。因其寿命极长,又被称为"公孙树"。银杏类植物在地球上曾经鼎盛一时,然而银杏却极可能是这个家族唯一的直接继承者。不仅如此,在1亿~2亿年的演化过程中,银杏的形态特征并没有发生太大改变,现存的银杏和很多银杏化石的植物形态非常类似,因此被称为"活化石"。

1亿年太久,只争朝夕!亿年是什么概念?地球形成于43亿~45亿年前,生命大概在35亿年前就开始了演化之旅。著名的寒武纪物种大爆发,距今大约5亿年。

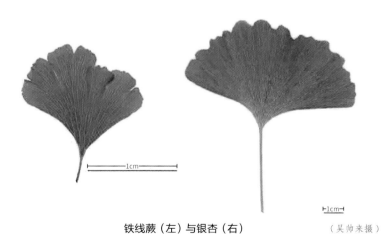

铁线蕨(左)与银杏(右)
（吴帅来摄）

银杏的叶子是扇形叶,在西方它又被称为铁线蕨树(maidenhair tree),因为其叶片与铁线蕨类似(如上图所示)。

通过一棵银杏树,就可以收集到各种各样的叶片形态。在长枝、短枝、树干侧芽、基部萌发的枝条等部位,能看到具有不同特征的叶片。

1cm

银杏丰富多样的叶片形态　　　　　　　　（吴帅来摄）

　　银杏类植物有大量的化石记录，目前公认最早的银杏类化石来自法国南部早二叠世奥通期的毛状叶（*Trichopitys*），距今2.7亿～2.8亿年，保留有完整的营养叶和雌性生殖器官。侏罗纪和早白垩纪是银杏类植物的鼎盛时期。随着早白垩纪晚期被子植物的迅速崛起，银杏类植物和其他许多裸子植物一样，走向了急剧衰落。

　　由于绝大多数银杏化石都是叶片、枝条的化石，繁殖器官的化石非常罕见，所以叶片成了鉴定银杏类植物的关键信息。银杏的扇状二歧分叉和二裂叶片，是这类植物的识别特征。中生代银杏类叶片大体可以归纳为8个基本类型，但是叶形存在普遍的多样性，不同叶形之间还存在过渡和重叠现象。前面已经介绍过，现生的银杏就是这方面的典型代表。

　　今天植物分类的实践者都有一种深刻的体会：以叶片形态鉴定植物的分类地位，存在很大风险；一些形态极为相似的植物，系统地位可能相差甚远。化石比实物更难观察，很多曾被归入银杏类的化石，相当一部分又被后来的研究否定了。

　　1988年，河南义马侏罗纪含煤地层义马组（约1.7亿年前）中，发现了另一支银杏类植物，其叶片形态与银杏非常相似，但是繁殖器官与银杏显著不同，称为义马果（*Yimaia recurva*）。义马果分类位置的确定过程，证明了繁殖器官对银杏类化石鉴定的重要性。

　　有趣的是，与义马果同时出土的还有另一种银杏类植物化石，非常罕见地带有完整的繁殖器官。与义马果不同，科学家通过分析胚珠形态，将这例化石鉴定为银杏属成员，将其命名为义马银杏（*Ginkgo yimaensis*）。义马银杏是银杏属最早的可靠化石记录，它将银杏属的存在时间推到了侏罗纪早期。[1]

---

[1]　周志炎. 中生代银杏类植物系统发育分类和演化趋向. 云南植物研究，2003(4)：377～396.

　　长期以来，在义马银杏和现代银杏之间，可靠的化石记录只有 0.56 亿年前早第三纪的 *Ginkgo adiantoides*，它与义马银杏（1.7 亿年前）之间，有一块长达 1.2 亿年的化石空白。

　　不同时期的化石就像证据链。义马银杏和 *Ginkgo adiantoides* 之间的空白使科学家开始对现代银杏和义马银杏之间的直接继承关系提出质疑。

　　2003 年，辽宁下白垩统化石群（义县组，1.21 亿年前）中发现了一例新银杏化石，带有完整的繁殖器官。关于这份重要化石的文章，发表在《自然》（*Nature*）杂志上，填补了这段时间无银杏化石的空白。[①]

　　这份化石表明，当时银杏的生殖结构与原始的侏罗纪类型相比，还是与今天的银杏更接近。这意味着银杏的形态在过去 1 亿多年中并没有发生太大变化。

① Zhou ZY, Zheng SL. The missing link in Ginkgo evolution. *Nature*, 2003(423): 821 ～ 822.

赏叶

鹅掌楸（*Liriodendron chinense*）
（吴帅来摄）

枸骨（*Ilex cornuta*）　（桐花如雪摄）

小叶黄杨（*Buxus sinica* var. *parvifolia*）
（叶盲症摄）

黄瓜（*Cucumis sativus*）　（桐花如雪摄）

异叶南洋杉（*Araucaria heterophylla*）　（南门野客摄）

粗榧（*Cephalotaxus sinensis*） （叶盲症摄）

菝葜（*Smilax china*）
（叶盲症摄）

南方红豆杉（*Taxus wallichiana* var. *mairei*） （叶盲症摄）

罗汉松（*Podocarpus macrophyllus*） （叶盲症摄）

山桃（*Amygdalus davidiana*） （孙志尊摄）

野菱（*Trapa incisa*） （大花_痂花摄）　　乌菱（*Trapa natans*） （金强摄）

第三章

叶缘

叶缘类型

全缘

平滑整齐

biu
biu

啊——

全缘就是指叶子边缘平整，没有那些凸起、凹陷等乱七八糟的形态。

我们平时容易看到的全缘叶的植物有：紫荆、女贞、绿萝，等等。

紫荆 紫荆是一种美丽的木本花卉植物，很多地方的绿化都会用到它。紫荆的花期在每年的三至四月。其叶缘整齐，是全缘叶。

（叶盲症摄）

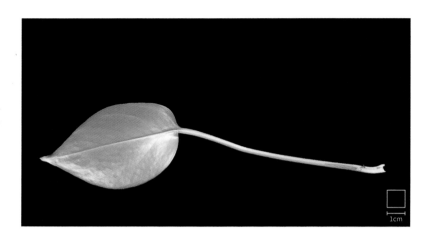

1cm

绿萝（*Epipremnum aureum*） 原产于所罗门群岛的绿萝，极易繁殖，无需精心照料就能郁郁葱葱，几乎是家庭和办公场所美化环境的首选观叶植物。绿萝的叶子也是全缘叶。

（叶盲症摄）

齿状

049

重锯齿：大锯齿上面又出现小锯齿。

传说中，鲁班就是被有锯齿的叶子割破手指，受此启发而发明了锯子。但这只是传说，其实锯子出现得比鲁班要早。

活血丹（*Glechoma longituba*）

（桐花如雪摄）

活血丹 活血丹产自我国大多
数省区，多生于林下、草地或
溪边。一些地方有人工栽培。

（孙志尊摄）

蔷薇 （叶盲症摄）

活血丹的叶缘是圆齿。蔷薇小叶（"小叶"这个概念我们会在第八
章讲解）边缘的齿偏向叶尖方向，是典型的锯齿。

蔷薇属（*Rosa* sp.） （叶盲症摄）

棣棠花 　　　　　　　　　　　　　　　　　（叶盲症摄）

　　棣棠花的齿状叶缘是典型的重锯齿，在大锯齿上面还分布着小齿。

棣棠花（*Kerria japonica*）　棣棠花这种落叶灌木在我国的分布范围非常广，在园林和庭院栽培上会经常用到。
（叶盲症摄）

缺刻

叶片边缘不齐，且凸起（或凹入）程度比齿状叶缘大而深的，称为缺刻。

依照缺刻的深浅程度，可以把缺刻分为浅裂、深裂和全裂三种；依照缺刻的形式，则可以分成羽状缺刻和掌状缺刻。

羽状缺刻

浅裂：缺刻较浅，最深只达二分之一处。

深裂：缺刻较深，超过二分之一处。

全裂：也称全缺，缺刻极深，深达中脉或叶片基部。

茄（*Solanum melongena*） 茄子在我国各地均有栽培，是餐桌上的常见蔬菜之一。根据可靠的记载，早至宋代，我国就已在栽培茄子。至今人们已经培育出数百个品种来满足饮食需求。它的叶缘常呈羽状浅裂。

（许剑珍摄）

蒲公英 蒲公英的叶子，叶缘经常呈现为羽状深裂。

（叶盲症摄）

蒲公英属（*Taraxacum* sp.） 蒲公英在我国分布广泛，北到黑龙江，南至广东北部，都能见到它的身影。由春到夏，总能在山坡、草地见到它；甚至在繁华的都市中，也能在不经意间瞥见它。 （叶盲症摄）

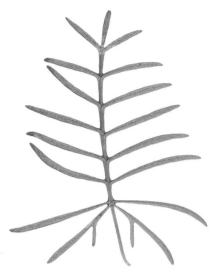

茑萝 茑萝的叶缘是典型的羽状全裂。

（南门野客摄）

茑萝（*Quamoclit pennata*） 茑萝原产于热带美洲，在我国广泛栽培，常用于庭院美化。 （叶盲症摄）

掌状缺刻是指像摊开的手掌那样，以叶基为中心，向外呈辐射状排列。

掌状缺刻

悬铃木属（*Platanus* sp.） 悬铃木树形优美，是我国很多城市的行道树。

（叶盲盅摄）

1cm

葎草（*Humulus scandens*） 葎草在我国大部分省区都有分布，在沟边、废墟处常见。它的叶柄和茎上生有倒刺，不小心就会被它划伤。葎草的叶缘是典型的掌状深裂。

（叶盲盅摄）

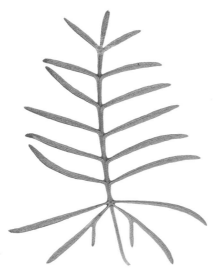

茑萝 茑萝的叶缘是典型的羽状全裂。
（南门野客摄）

茑萝（*Quamoclit pennata*） 茑萝
原产于热带美洲，在我国广泛栽
培，常用于庭院美化。 （叶盲症摄）

掌状缺刻是指像摊开的手掌那样，以叶基为中心，向外呈辐射状排列。

掌状缺刻

悬铃木属（*Platanus* sp.） 悬铃木树形优美，是我国很多城市的行道树。

（叶盲症摄）

1cm

葎草（*Humulus scandens*） 葎草在我国大部分省区都有分布，在沟边、废墟处常见。它的叶柄和茎上生有倒刺，不小心就会被它划伤。葎草的叶缘是典型的掌状深裂。

（叶盲症摄）

波状与皱缩

波状是指叶缘稍显凹凸而呈波纹状。

杧果（*Mangifera indica*）

（桐花如雪摄）

酸模（*Rumex acetosa*）

（孙志尊摄）

波状起伏十分强烈的、曲折更厉害的，就是皱缩。

羽衣甘蓝（*Brassica oleracea* var. *acephala* 'tricolor'）　　　（叶盲症摄）

叶缘的形成与作用

叶的形状和大小直接影响着植物的光合作用效率。叶的形状多样性在很大程度上是由叶缘形状变化形成的。

叶的发育过程可以分成三个阶段：

1. 叶原基的生长。叶原基是在茎尖生长点的基部形成的突起，将来发育成幼叶，其分裂分化能力很强。叶原基发生于茎尖生长锥的侧面，一般由表面的几层细胞分裂形成最初的突起，接着向长、宽、厚三个方向生长。

2. 确定基本叶形。第二阶段中，叶向两侧延展，最基本的叶形被确定下来，侧生结构（如小叶、深裂、浅锯齿）沿叶缘处形成。

3. 形成成熟叶。第三阶段，细胞快速生长、分化，并产生成熟叶的典型特征，如气孔、叶面刺毛等。

　　相对于全缘叶，有缺刻的叶子在发育中拥有较长的第二阶段和较短的第三阶段。叶缘的发育受到基因、激素等因素（包括非编码RNA）协同作用的影响。

　　叶缘缺刻调节着叶面温度和水分流失，影响叶片对光的捕获和对强风的抵御，是植物对环境的一种适应性表现。

　　具有叶缘缺刻的植物对干旱、高温等逆境胁迫表现出较强的适应性。例如：相比无缺刻的叶片，叶缘深裂的叶片缩短了热传递的距离，能够通过对流散热，从而抵御高温对叶面的灼伤。

　　叶缘缺刻可以改变植物的液压效率，是植物控制水分胁迫的有效手段。可以说，叶裂结构是植物对干旱环境的适应。

　　叶缘上的缺刻赋予叶片纵向延伸的可塑性，使之与全缘叶相比，能够更加快速地对光源做出响应，从而在竞争中更有优势。

锦葵（*Malva cathayensis*）
（叶盲症摄）

1cm

世界行道树之王

悬铃木拥有"世界行道树之王"的美称。

悬铃木为落叶乔木，树体雄伟，树冠开展，夏天遮阴效果好，冬季阳光透射好，非常符合行道树的选择标准。此外，悬铃木极耐修剪，枝条萌发力强，利于控制整形；它们寿命长，尤其是壮龄期长；它们生长快、繁殖易，移栽后容易成活。这些特点，更是促使悬铃木成为行道树的优选。

20 世纪 20 年代，为了迎接孙中山的灵柩，从灵柩经过的码头直至紫金山顶的中山陵，沿途两侧遍栽悬铃木。从此，这条"悬铃木大道"成了南京市的著名风景。

而一些其他城市，也曾一度采用悬铃木作为行道树。

天下没有完美的事物。作为行道树来说，悬铃木也有它的缺点。每年春季，悬铃木的果毛会与种子同时散落，造成环境污染；同时，一些过敏体质的人对这些茸毛也无法忍受。每年秋季大量的落叶还增加了环卫工人的工作量。而且树大荫浓的悬铃木会在夜晚遮挡道路两旁的灯光，给都市灯光夜景的塑造带来一定难度。针对这些问题，园

林行业也想了不少办法，包括培育少果悬铃木、加强修剪（剪除当年生枝条，使其翌年不能结果）等。

悬铃木科只有一个属，即悬铃木属，属下大约有十种植物。我国常见的悬铃木有三种，分别是一球悬铃木（美国梧桐，*Platanus occidentalis*）、三球悬铃木（法国梧桐，*Platanus orientalis*），以及一球悬铃木与三球悬铃木杂交而来的二球悬铃木（英国梧桐，*Platanus acerifolia*）。城市绿化中以二球悬铃木较为多见，大多数市民不太了解这三者之间的分别，将它们统称为"法国梧桐"。

其实，这里的一球、二球和三球指的是悬铃木果枝上果序的个数。悬铃木的果序呈球状，由许多小坚果组成；一个个球状的果序看上去就像悬挂着的铃铛。但是这里要注意的是，一球悬铃木的果枝上并非只能有一个果序，而是说大多数情况下有一个果序，但是也有两个果序出现在同一个果枝上的情况。同理，二球悬铃木的果枝上也可能有一个或者三个果序。三球悬铃木单个果枝上的果序是三个以上——三个、四个、五个都有可能，但是偶尔也会只有两个"球"。

赏叶

红枫（*Acer palmatum* 'Atropurpureum'）（桐花如雪摄）

山葡萄（*Vitis amurensis*）（孙志尊摄）

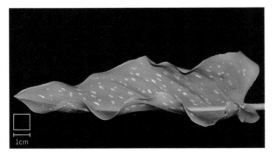

马蹄莲（*Zantedeschia* sp.）（桐花如雪摄）

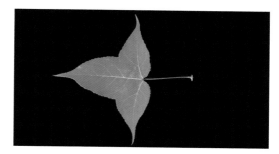

枫香树（*Liquidambar formosana*）　（桐花如雪摄）

无花果（*Ficus carica*）　（桐花如雪摄）

野茼蒿（*Crassocephalum crepidioides*）（桐花如雪摄）

木薯（*Manihot esculenta*）
（桐花如雪摄）

秋英（*Cosmos bipinnata*）
（叶盲症摄）

穿龙薯蓣（*Dioscorea nipponica*）
（孙志尊摄）

万寿菊（*Tagetes erecta*）　　（叶盲症摄）

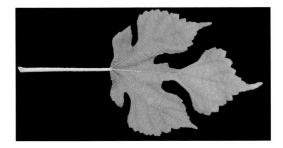

构树　（常光辉摄）

蒙古栎（*Quercus mongolica*）　（叶盲症摄）

三色堇（*Viola tricolor*）　（叶盲症摄）

假龙头花（*Physostegia virginiana*）
（叶盲症摄）

鼠掌老鹳草（*Geranium sibiricum*）
（叶盲症摄）

牛膝菊（*Galinsoga parviflora*）　（叶盲症摄）

木鳖子（*Momordica cochinchinensis*）　（叶盲症摄）

鸡麻（*Rhodotypos scandens*）　（叶盲症摄）

├─1cm─┤

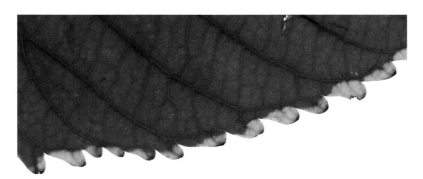

红桑（*Acalypha wilkesiana*）（局部）　（叶盲症摄）

第四章

叶尖

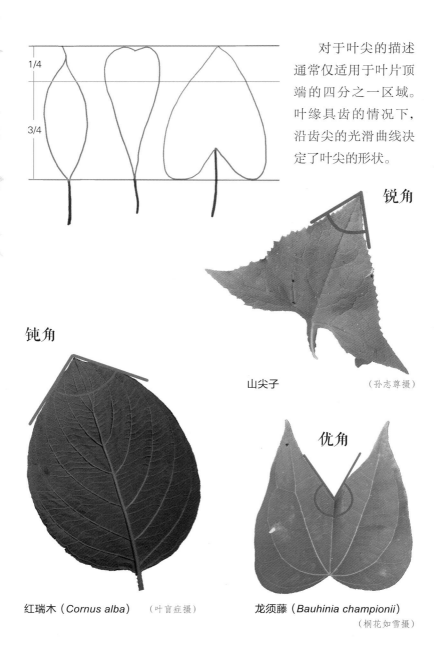

对于叶尖的描述通常仅适用于叶片顶端的四分之一区域。叶缘具齿的情况下，沿齿尖的光滑曲线决定了叶尖的形状。

1/4

3/4

锐角

山尖子　　　　　（孙志尊摄）

钝角

优角

红瑞木（*Cornus alba*）　（叶盲症摄）

龙须藤（*Bauhinia championii*）

（桐花如雪摄）

叶尖类型

尾尖

叶先端尾状延长。

菩提树 （桐花如雪撮）

菩提树叶子的叶尖形状就是尾尖。

菩提树（*Ficus religiosa*） 菩提树原产印度、斯里兰卡等地，在我国的广东、广西和云南的部分地区有栽培。在我国其他地区，基本上只能在温室中见到它了。相传佛祖释迦牟尼在菩提树下修炼而得道，因此它被佛教徒视为圣树。 （桐花如雪撮）

急尖

尖短而尖锐，叶尖区域的叶缘没有明显的弯曲，一般是直的，或呈轻微外凸。

辣椒 （叶盲症摄）

辣椒叶子的叶尖呈急尖状或渐尖状。

很多人认为"急尖""渐尖"的区别在于叶片向叶尖收缩的缓急程度，但是其中的度却不易把握。不过，从顶部两侧叶缘弯曲形状区分就容易多了。

辣椒（*Capsicum annuum*）　辣椒原产南美，在明代传入中国，但直至清朝才得到广泛栽培、食用。

（孙志尊摄）

渐尖

尖较长，叶尖区域的叶缘内弯。

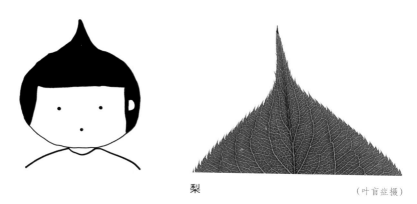

梨

（叶盲症摄）

渐尖在梨属植物的叶尖中很常见，例如白梨。

梨属（*Pyrus* sp.） 梨是我国各地普遍栽培的果树及观赏树木，栽培品种众多。

（叶盲症摄）

073

钝形

叶尖钝，或近圆形。

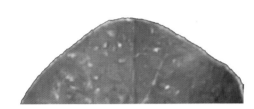

蚕豆　　　　　　　　　　　　　　（桐花如雪摄）

蚕豆（*Vicia faba*）蚕豆是人类最早栽培的豆类作物之一，非我国原产，但是在我国各地均有栽培。其小叶先端圆钝（具短尖头）。

（桐花如雪摄）

截形

叶尖突然终止，犹如切过。顶端叶缘垂直或近乎垂直于中脉。

鹅掌楸 （郭卫珍摄）

鹅掌楸 鹅掌楸产自我国华中、华南、西南等地。叶尖截形。鹅掌楸属曾广布于北半球温带地区，但在第四纪冰期大面积灭绝。如今只剩下鹅掌楸和北美鹅掌楸这两个物种以及二者的杂交种。

（郭卫珍摄）

微缺

叶尖具浅凹缺。凹缺的深度大约为叶片长度的 5% 至 25%。

厚朴 （李晓晨摄）

凹叶厚朴曾被认为是厚朴的一个亚种，其叶片典型特征就是叶尖有明显的凹缺。（有些植物分类学者认为其差异不足以列为亚种，应予归并。）

厚朴（*Houpoëa officinalis*） 厚朴产自我国华南、华东、华中及西南部分地区。

（李晓晨摄）

开裂

如果凹缺的深度超过了叶片长度的四分之一，就称为开裂。

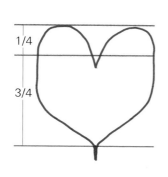

红花羊蹄甲　　　　　　（丫七七摄）

红花羊蹄甲（*Bauhinia × blakeana*）　红花羊蹄甲作为香港特别行政区的代表植物，是一种美丽的观赏树种，也是广州主要的庭院树之一。其叶先端开裂。

（叶盲症摄）

　　不同的植物分类学者根据自己的经验和理解，对叶尖形态的划分可能会更细致，从而产生更多的形态类别。例如倒心形，或者叶尖一侧外凸、一侧内凹的镰形。还有一些词语用于描述叶尖末端（中脉末端）的细微形态，例如"具短尖"等。

酢浆草（*Oxalis corniculata*）

（桐花如雪摄）

西府海棠（*Malus × micromalus*）

（叶盲症摄）

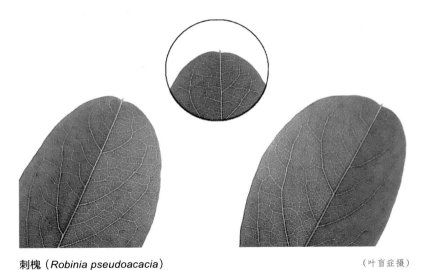

刺槐（*Robinia pseudoacacia*）

（叶盲症摄）

"菩提本无树"——到底有没有?

"菩提本无树"出自禅宗六祖慧能的偈语,原本是讲对佛法的理解,述"万事皆空"之意。但菩提树是真实存在的。相传释迦牟尼在树下领悟佛法真谛,于是此树得"菩提"之名——菩提一词源于梵语,有智慧觉悟之意。从此菩提树就成了佛教圣树,在各地寺庙广泛栽植。

而佛祖成道的那株菩提,在很多佛教徒的眼中更是血统尊贵。1954年印度总理尼赫鲁访华时,曾将从这株菩提树上取下的枝条所培育成的菩提树苗赠送给我国。

菩提树如今在我国广东、广西、云南多有栽培。但是作为热带的树种,菩提树非常不耐寒,它在我国北方无法正常越冬。因此,无论是在西安还是北京,来自印度的礼物都生存在温室中。

来自尼赫鲁的礼物——菩提树 原树现栽植于中科院北京植物研究所。图为取其枝条繁殖而成的植株,栽植于西安植物园。

(卢元摄)

但是北方各地寺庙对菩提树的需求又是如此强烈，于是就有了各种替代树种，它们在寺庙中依旧被称为"菩提树"，但是事实上已经与真正的菩提树相去甚远了。不过仔细想想，"万事皆空"，即便不是真正的菩提树，也于弘扬佛法无碍。因此，是不是真的菩提树也就无所谓了。

但是对于想要了解植物的人来说，还是要做到能够区分为好。在北方的寺庙中，多用蒙椴、暴马丁香等适合北方气候的树种替代菩提树。长江以南的某些地区，有些寺庙会用无患子作为菩提树的替代树种。

└─1cm─┘

蒙椴（*Tilia mongolica*）

（朱仁斌摄）

　　如果你在某处寺庙中见到了所谓的"菩提树",一定要长个心眼。也许它们只是佛教徒心中的菩提树,不是植物学上的菩提树。

　　菩提树叶子的叶尖细长,在我们这本书中称之为"尾尖"。也有学者将这种类型归入"渐尖"。无论尾尖还是渐尖,叶尖向顶端突然变细的情况,都被称为"滴水叶尖"。滴水叶尖能引导叶片表面的水集聚成水滴落下,使叶面很快变干,从而有利于叶片的蒸腾作用。及时清除掉叶片表面的水膜,也能够避免一些微小的生物(如苔藓、地衣等)附生于叶片表面。对于生活在热带、亚热带多雨湿润地区的植物来说,这是相当有用的生存本领之一。

菩提树

（朱攀摄）

赏叶

柿（*Diospyros kaki*）　（叶盲症摄）

紫薇（*Lagerstroemia indica*）　（叶盲症摄）

印度榕（*Ficus elastica*） （桐花如雪摄）

深蓝鼠尾草（*Salvia guaranitica*）
（桐花如雪摄）

凹头苋（*Amaranthus blitum*）
（叶盲症摄）

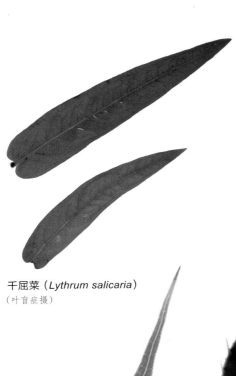

玉簪（*Hosta plantaginea*）
（局部） （叶盲症摄）

千屈菜（*Lythrum salicaria*）
（叶盲症摄）

刺儿菜（*Cirsium setosum*）（局部）
（叶盲症摄）

菩提树（局部） （叶盲症摄）

马齿苋（*Portulaca oleracea*） （叶盲症摄）

桃（*Amygdalus persica*）
（局部） （叶盲症摄）

叶子花（*Bougainvillea spectabilis*）　（叶盲症摄）

榛（*Corylus heterophylla*）　（叶盲症摄）

木犀（*Osmanthus fragrans*）(局部)　（叶盲症摄）

小粒咖啡（*Coffea arabica*）　（叶盲症摄）

凤仙花（*Impatiens balsamina*）
（叶盲症摄）

⊢1cm⊣

加拿大一枝黄花（*Solidago canadensis*） （叶盲症摄）

⊢1cm⊣

中华青牛胆（*Tinospora sinensis*） （叶盲症摄）

第五章

叶基

叶基类型

楔形

楔形对应于前一章叶尖的急尖，表现为叶基部分的叶缘没有明显的弯曲。

对于叶基形状的描述适用于叶片底部的四分之一区域。有一些形状与叶尖类似，只不过是出现在叶片基部。

在某些学者的描述中，在楔形基础上的变形称为渐狭——收缩过渡的区间更长。（这里并未涉及两侧叶缘的弯曲情况，例如内凹与外凸。）

鸡蛋花 　　（桐花如雪摄）

鸡蛋花（*Plumeria rubra* 'Acutifolia'） 　　（叶盲症摄）

边缘内凹

　　叶基区域内，叶缘内凹，即叶片基部到叶长四分之一区域内的叶缘向中脉方向弯曲。也有意见认为这种情况可以归为楔形。

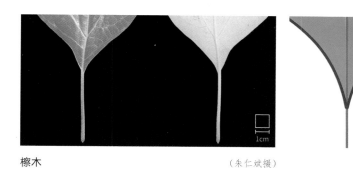

檫木

（朱仁斌摄）

檫木（*Sassafras tzumu*）　作为一种落叶乔木，檫木产自我国华东、华南、西南等地。

（王正伟摄）

边缘外凸

叶基区域内，叶缘外凸，即叶片基部到叶长四分之一区域内的叶缘向背离中脉的方向弯曲。

在常见的外凸类型中，随着外凸程度逐步加大，叶基形状由宽楔形向钝形乃至圆形逐步过渡。

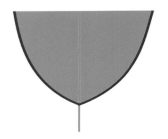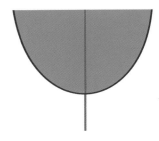

金银忍冬的叶形变化较大，在一株树上常常能发现多种叶形。其叶基也有多种类型（如下图），由宽楔形逐步向圆形过渡。

金银忍冬 金银忍冬产自我国东北、华北、华中、华东乃至西南部分地区，也是一种常见的园林绿化树种。

（叶盲症摄）

截形

叶基忽然终止，犹如切过。基部叶缘垂直或近乎垂直于中脉。截形也是基部叶缘外凸的一种。

在此前出现过的植物中，棣棠花、紫丁香、一球悬铃木、菩提树以及构树的叶基中都很容易发现截形或近截形的形态。

黄金树 （叶盲症摄）

黄金树（*Catalpa speciosa*） 黄金树原产美国，在我国很多地方被用来作为园林绿化栽培植物。

（叶盲症摄）

下延

　　基部下延是一种特殊情况，指叶片组织沿着叶柄，以一种角度逐渐减小的方式延伸。

龙葵

—1cm—

（叶盲症摄）

龙葵（*Solanum nigrum*）　龙葵几乎在全国都有分布，生于田边、荒地，甚至在城市的路边绿化带中也能见到它。

（叶盲症摄）

心形

在基部有伸展的叶形中，基部形成一个凹缺，叶柄通常连接于该凹缺的最深点。这类叶基称为心形。

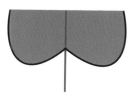

在前面出现过的紫荆、枫香树、活血丹、葎草和牵牛中，都有心形的叶基。

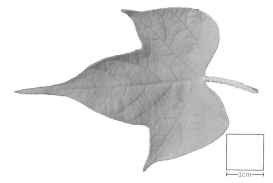

番薯

（桐花如雪摄）

番薯（*Ipomoea batatas*） 番薯原产美洲，在我国各地均有栽培，拥有甘薯、朱薯、金薯、白薯、唐薯、甜薯、红苕、山芋、地瓜等多种俗称。

（桐花如雪摄）

戟形

叶基部具有两个狭长的裂片，这类叶基称为戟形。裂片立轴方向与中脉的夹角通常在 90 度到 125 度之间。

菠菜（*Spinacia oleracea*） 菠菜是在我国广泛种植的蔬菜之一，唐代传入我国。

（叶盲症摄）

田旋花（*Convolvulus arvensis*） 田旋花分布于我国东北、华北、西北等地。

（叶盲症摄）

偏斜形

偏斜形表现为叶基两侧不对称。

叶基偏斜在秋海棠属植物或椴树科植物中多见。

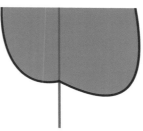

四季秋海棠（*Begonia cucullata*）

（叶盲症摄）

⊢1cm⊣

粗喙秋海棠（*Begonia longifolia*） 秋海棠属植物花朵艳丽多姿，各地常见栽培。

（桐花如雪摄）

耳状

叶基两侧有钝圆突起，似耳垂一般。

大琴叶榕（*Ficus lyrata*）   （桐花如雪摄）

箭形

箭形是指叶基具有两个狭长的、通常带尖的突起，其顶端向基部方向与中脉的夹角都不小于 125 度。前面提到的慈姑即是箭形叶基。

├──1cm──┤

翼叶山牵牛（*Thunbergia alata*） 翼叶山牵牛和大琴叶榕均原产于热带非洲，在我国作为观赏植物栽培。

（桐花如雪摄）

漂洋过海"喂"了你

如今很多日常生活中常见的植物（尤其是农作物）其实是从国外传入的，当中有不少种类都原产于美洲。它们在几百年前漂洋过海来到中国，丰富了我们的餐桌。

番薯就是其中一种。从名称中的"番"字就能看出它是一种外来植物，在明代传入我国华南地区。这种植物适应性极强，"瘠土砂砾之地皆可以种"（《番薯颂》）；产量又不低，尤其在饥荒时可以助人度过荒年。"……饥，他谷皆贵，惟薯独稔，乡民活于薯者十之七八。"（《朱薯疏》）于是有人作颂，有人写疏，还有人写下《金薯传习录》。

随后，番薯种植向北、向西推进至华北、华中诸地。如今，番薯在全国各地均有种植，其种植面积和产量仅次于水稻、小麦和玉米。而且我国是世界上最大的番薯种植国。如今全球番薯产量的六成以上来自中国。

同样原产于美洲的辣椒，在我国最早的记载见于明朝。《遵生八笺》中提到："番椒丛生，白花，果俨似秃笔头，味辣，色红。"辣椒这一名称最早见于乾隆二十九年的《柳州府志》，而辣椒在我国的普遍种植却是从清朝才开始，也就是说，我国食用辣椒的历史不过数百年。但是，如今我国已经成为世界第一大辣椒生产国与消费国。

　　近年来我国玉米产量连续每年都超过两亿吨。玉米从明代开始就在我国种植。《本草纲目》中有这样的记载："玉蜀黍种出西土，种者亦罕。其苗叶俱似蜀黍而肥矮，亦似薏苡，苗高三四尺。六七月开花，成穗如秕麦状。苗心别出一苞，如棕鱼形。苞上出白须垂垂，久则苞拆子出，颗颗攒簇，子亦大如棕子，黄白色，可渫炒食之。"其中的"玉蜀黍"就是指玉米。《农政全书》和《群芳谱》中也有关于玉米的记载。此外，《群芳谱》中还记载了"番柿"，即番茄，它也是原产于美洲的植物。

　　明嘉靖《常熟县志》中就已提到"落花生"。《学圃杂疏》也有记载："香芋、落花生产嘉定。落花生尤甘，皆易生物，可种也。"根据以此为代表的相关史料，可以确定落花生在明代已传入我国。此后从美洲传入我国的农作物还有马铃薯、向日葵、南瓜、西葫芦等。

落花生（*Arachis hypogaea*）　　　　　　　　　　　　　（叶盲症摄）

马铃薯（*Solanum tuberosum*）

（孙志尊摄）

"藕断丝连"的杜仲

关于植物的成语有很多，其中有一条叫作藕断丝连，说的是莲藕被切开后里面还有"丝线"连在一起。莲藕是荷花这种植物的茎，它里面连在一起的"丝线"是被拉伸的维管束。

有没有叶子断开也能拉丝的植物？有哇！

拉开的丝是不是也是维管束呢？那可不一定！

植物科的大小并不一致，有一些科比较庞大，下面的属和种的数量非常多，有一些科下面仅有一属，这个属下也仅有一种现生物种，我们把这样的科称为单种科。单种科在地质史上可能有过很多的物种，但是活到现在的就只有一种，其他的都已经灭绝了。杜仲科就是一个常见的单种科，它下面仅有杜仲这一种植物。

杜仲特产于中国，野生杜仲的数量稀少，但是却有着大量的栽培植株。杜仲是一种高大的乔木，最高可达 20 米，具有椭圆形、边缘带锯齿的互生的叶。杜仲是雌雄异株植物，也就是说它的雌花和雄花长在不同的植株上。杜仲在植物界比较出名的一个原因是，它的树

杜仲（*Eucommia ulmoides*）叶片的"拉丝"现象。　　　　　　（卢元摄）

皮、果实和叶子断开后会有"藕断丝连"的现象。和莲藕的情形不同，杜仲的"丝线"并不是被拉伸的维管束，而是杜仲体内丝状的产胶细胞以及这些细胞中所含有的橡胶。

　　橡胶是橡胶树、橡胶草等植物的次生代谢产物，是一种应用非常广泛的材料。杜仲也因为能够产生橡胶而得到了特别的关注。研究显示，杜仲的橡胶来自产胶细胞。产胶细胞是如何形成的呢？首先，杜仲的分生组织经过分裂，形成一些原始细胞，这些细胞具有长宽比大、细胞质浓厚等特点，它们的两端以插入生长的方式迅速伸长，形成细长且两端膨大的丝状单细胞；在发育过程中，这些细胞的细胞质内逐渐合成和积累橡胶颗粒，随着橡胶颗粒的增加，其细胞器逐渐退化；在成熟的产胶细胞里，细胞腔内充满了橡胶颗粒，细胞核和大部分细胞器已经解体，但其外仍有含纤维素的细胞壁。

　　当我们拉断杜仲的叶子时，普通的叶表皮细胞、叶肉细胞等均被拉断，产胶细胞则因为内含橡胶而被拉伸，因此就呈现出"藕断丝连"的现象。

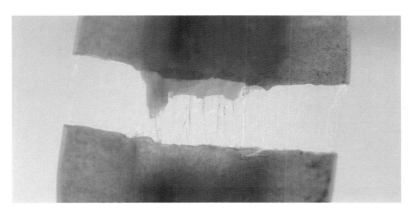

杜仲　果实的"拉丝"现象。　　　　　　　　　　　　　　　　（卢元摄）

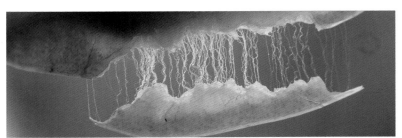

杜仲 （叶盲症摄）

赏叶

荷麻（*Abutilon theophrasti*）　（叶盲症摄）

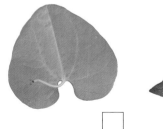

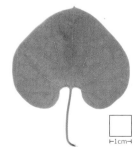

烟斗马兜铃
（*Aristolochia gibertii*）
（桐花如雪摄）

打碗花
（*Calystegia hederacea*）
（叶盲症摄）

麻雀花
（*Aristolochia ringens*）
（南门野客摄）

金叶榆　　（叶盲症摄）

西府海棠　　（叶盲症摄）

石榴（*Punica granatum*） （叶盲症摄）

早开堇菜（*Viola prionantha*） （叶盲症摄）

灰毛大青
（*Clerodendrum canescens*）
（叶盲症摄）

⊢1cm⊣

紫丁香 （叶盲症摄）

慈姑 （叶盲症摄）

歪叶榕（*Ficus cyrtophylla*） （桐花如雪摄）

白鹤藤（*Argyreia acuta*） （叶盲症摄）

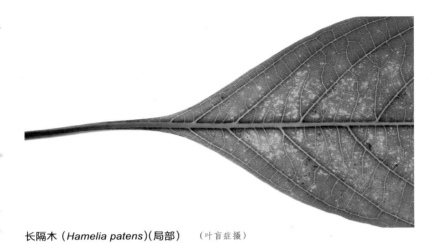

长隔木（*Hamelia patens*）（局部） （叶盲症摄）

飞扬草（*Euphorbia hirta*） （叶盲症摄）

常春藤（*Hedera nepalensis* var. *sinensis*） （叶盲症摄）

宽叶十万错（*Asystasia gangetica*） （叶盲症摄）

软枣猕猴桃（*Actinidia arguta*）（局部） （叶盲症摄）

白花重瓣曼陀罗（*Datura candida* 'plena'）（局部） （叶盲症摄）

111

龙珠果（*Passiflora foetida*）　（叶育症摄）

合果芋（*Syngonium podophyllum*）　（李姚昕摄）

第六章

叶脉

叶脉由贯穿在叶肉内的维管束和其他相关组织组成，是叶内的输导和支持结构。叶脉在叶片上呈现出的有规律的脉纹分布，我们称之为脉序。

大多数叶片都有一个连续的、易于识别的脉序。为了确定脉序，我们通常要对叶脉进行分级。分级的主要依据是叶脉的起源及脉纹的相对粗细。对于一片叶子来说，起输导作用的叶脉通常是从叶柄与叶片的着生处伸展到叶片各处，从而将通过叶柄运输过来的水分或者养分运送到叶片各处（或者反过来，将叶片光合作用合成的养分运送到基部，再通过叶柄输送到植物的其他部分）。对于无柄的叶片，我们可以通过想象一种叶柄无限缩短的叶片来理解这个着生的基点。

叶脉的分级

我们将起源于基点的、最粗的叶脉称为一级脉。其中自叶柄延伸到叶尖的为主脉。大多数叶片的主脉是单一的，二级脉自主脉向叶缘发出，呈羽状排列。但还是有不少叶片自基部（或近基部）发出不止一条较粗的叶脉。不过，只要这些叶脉的脉形与最粗脉相似且粗细不小于最粗脉的四分之一，通常就可以归于一级脉（参见第 115 页，尤卡坦西番莲）；对于那些发自最粗脉、（自主脉出发处）粗细不小于最粗脉的四分之三的叶脉，也可将其归为一级脉（参见第 133 页，天竺桂）。

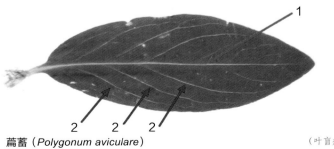

萹蓄（*Polygonum aviculare*）

（叶盲症摄）

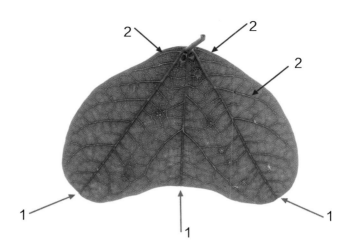

尤卡坦西番莲（*Passiflora yucatanensis*） （南门野客摄）

　　我们把构成脉网的最粗的叶脉定为三级叶脉，在一、三级之间的就是二级脉。这是一个确认一至三级脉的取巧的办法。确定脉序类型基本上靠这三级叶脉就可以了。注意有些叶片只有一、二级叶脉，而有些叶片的叶脉多达七级。

西府海棠（局部） （叶盲症摄）

叶脉类型

网状脉

由主脉向两侧发出多条侧脉，侧脉间遍布的二、三级脉甚至四级叶脉形成网状。（我们通常把最粗的一级脉称为主脉，发自主脉并向两侧伸展的二级脉称为侧脉。）

当网状脉只有单一的一级脉时，称为羽状网脉。

日本晚樱（*Cerasus serrulata* var. *lannesiana*）　　　　　　　　（叶盲症摄）

　　由叶基分出三条或更多叶脉（其中包含至少两条一级脉）的网状脉，称为掌状网脉。

八角枫（*Alangium chinense*）　（南门野客摄）

元宝槭（*Acer truncatum*)(局部)

（叶盲症摄）

三出脉

　　网状脉中，由基部与中央主脉一同发出两条侧脉（一级脉或者较粗的二级脉）的情况称为三出脉。至少三条一级脉从一个点发出，并且以弧形向叶尖方向汇聚的，称为聚顶脉。下图为基出聚顶脉。

枣（*Ziziphus jujuba*）　　　　　　　　　　　　　（叶盲症摄）

　　当这对侧脉不是由基部发出，而是距最基部有一段距离时，我们称之为离基三出脉。如下图。

樟　　　　　　　　　　　　　　　　（桐花如雪摄）

平行脉

指各叶脉平行排列。平行脉一般仅见于单子叶植物。

由基部发出的多条相互平行并且向叶尖汇聚的叶脉，称为直出平行脉。

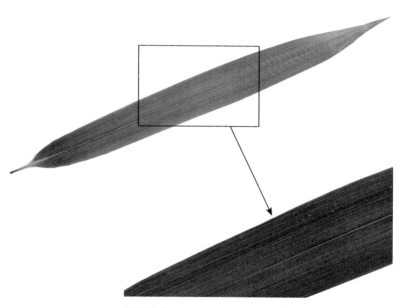

早园竹（*Phyllostachys propinqua*）
（叶盲症摄）

狗尾草
（叶盲症摄）

由基部或近基部发出的多条一级脉相互平行，并向叶尖汇聚，但是叶脉出现明显弧形弯曲的情形，称为弧形脉。

玉簪（*Hosta plantaginea*）　　　　　　　　　（叶盲症摄）

自主脉发出的相互平行且直达叶缘的叶脉，称为侧出平行脉。

芭蕉（*Musa basjoo*）(局部)　　　　（叶盲症摄）

扇形脉

指多条同级的基出脉相互间以小角度放射状发出，并沿顶端方向产生分叉。亦有根据分叉情况定义各叶脉的，比如呈二叉状分枝的为叉状脉。

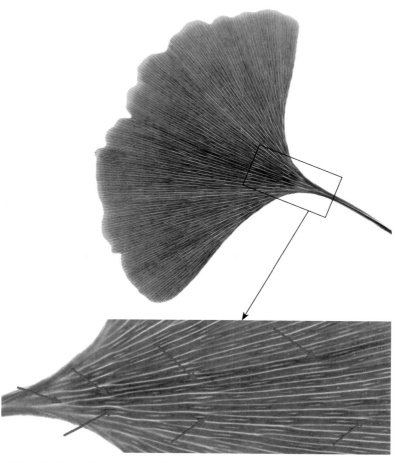

银杏 图中箭头所指为叉状脉的分枝处。 （叶盲症摄）

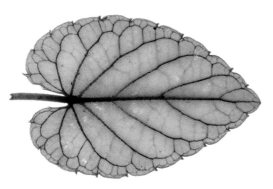

广东堇菜（*Viola kwangtungensis*）　　（南门野客摄）

　　如果我们对叶脉进行更深入的分析和分类，还会用到更多术语来描述叶脉的形态。例如上图中，在叶基部有基出脉构成叶的边缘，这种情况称为裸露的基出脉；粗二级脉形成环状结构且不达叶缘的，称为弓形脉；下图中，贴近叶片边缘的二级脉，其离轴侧（远离中脉的一侧）有叶肉组织，称为近缘二级脉。

榕树（*Ficus microcarpa*）　　　　　　　　　（南门野客摄）

白花羊蹄甲（*Bauhinia acuminata*）　（南门野客摄）

从上面这张白花羊蹄甲的照片可以看到，二级脉到达了叶片边缘。这种情况我们称之为"达缘"。

事实上，如果我们继续细究叶脉的形态类别，还有很多内容等待着我们。但是这里就不再做过多叙述了。

打碗花　（叶盲症摄）

123

叶脉的作用

　　叶片的宏观结构包括叶片的形状和大小、叶缘的形态、腺体的征状以及各级叶脉的排列等，这些是可以通过肉眼或解剖镜观察到的性状。叶脉在其中占有不容忽视的地位。

　　将叶脉网络结构用于植物分类，最早可以追溯到奥地利著名古植物学家康斯坦丁·弗莱赫尔·冯·埃廷斯豪森（Constantin Freiherr von Ettingshausen）。他从 1854 年起开始发表这方面的系列文章。到 20 世纪 70 年代，关于叶片宏观结构的系统研究开始在世界范围广泛开展，不少学者都力图制定一套概念明确、应用方便的术语来描述叶片的宏观结构。

　　叶脉网络功能性状及其与叶片水分、叶片光合能力等关系的研究日益得到广泛的关注。叶脉网络功能性状与环境的关系，以及这些性状与植物系统演化趋势的关系等研究成果也不断涌现。

回回苏（*Perilla frutescens* var. *crispa*）　　（南门野客摄）

叶脉是叶片里重要的水分输导系统，是运输养分和光合产物的通道。叶脉密度和叶脉直径等性状可以用来表征叶脉系统对水分、养分和光合产物等物质的运输能力。较粗叶脉的密度还是表征叶脉系统机械支撑能力的主要指标。

近年来的研究发现，植物叶脉密度与年降水量呈负相关。叶脉网络功能性状对土壤水分的变化也有响应。植物可以通过增加叶脉（特别是末端叶脉）的密度来应对土壤干旱。叶脉密度与年平均气温呈正相关。这可以看作是植物对较高温度的适应对策：通过增加叶脉密度来提高叶片蒸腾作用效率，从而保证叶片处于适宜的温度。此外，叶脉网络形状与光照、风速等因素也有关联。

既然叶脉的特征与环境息息相关，那么凭借对化石中叶脉的分析，人们就可以对植物所处的环境因素做出合理的推断。

鸭掌西番莲（*Passiflora trifasciata*） （南门野客摄）

蒸腾作用

植物的蒸腾作用与水的蒸发现象都是水分子扩散到空中的过程，但是两者又有区别。蒸腾过程中水分子自固体表面扩散到空中，不同于自液体表面的扩散；而且蒸腾作用受植物自身的调节和控制。

在植物叶片的表皮中有一类细胞被称为保卫细胞，它们成对出现，体积比其他表皮细胞小很多。因此只要有少量溶质进出保卫细胞，就会引起保卫细胞的膨压（即细胞吸水膨胀时，细胞内物质对细胞壁产生的压力）发生变化，引发气孔开闭。水分会从张开的气孔中排出，而光合作用所需的二氧化碳分子也从这里进入叶片内。

植物通过蒸腾作用，促使水分携带溶解于其中的矿物质从根系上升进而扩散至植物各处。同时从叶片表面扩散到空气中的水分也带走了热量，这有利于降低叶片表面温度，从而避免强烈的阳光对叶片造成损伤。

杧果（*Mangifera indica*）

（南门野客摄）

赏叶

鳞粃泽米铁（*Zamia furfuracea*） （南门野客摄）

长叶竹柏（*Nageia fleuryi*） （南门野客摄）

鹅绒藤（*Cynanchum chinense*） （叶盲症摄）

├─1cm─┤

127

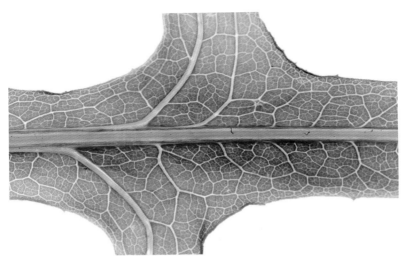

苦荬菜（*Ixeris polycephala*）（局部）　（南门野客摄）

桃（局部）　（叶盲症摄）

白睡莲（*Nymphaea alba*）(局部)　（叶盲症摄）

湖北海棠（*Malus hupehensis*）(局部)　（叶盲症摄）

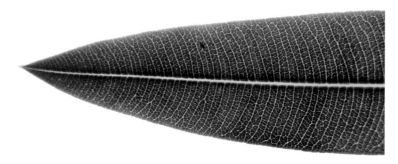

夹竹桃（局部）　（叶盲症摄）

⊢1cm⊣

桑（*Morus alba*）　（叶盲症摄）

美人蕉（*Canna indica*）（局部）　（叶盲症摄）

铁线蕨（*Adiantum capillus-veneris*）　（罗凌摄）

薯蓣属（*Dioscorea* sp.） （桐花如雪摄）

兰猪耳（*Torenia fournieri*） （叶盲症摄）

├─1cm─┤

天竺桂（*Cinnamomum japonicum*）（局部） （叶盲症摄）

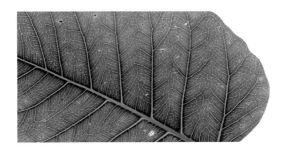

菩提树（*Ficus religiosa*）（局部） （叶盲症摄）

人心果（*Manilkara zapota*）（局部） （叶盲症摄）

中华猕猴桃（*Actinidia chinensis*）
（局部） （叶盲症摄）

┣━1cm━┫

榉树（*Zelkova serrata*） （叶盲症摄）

白背叶（*Mallotus apelta*） （叶盲症摄）

红背山麻杆（*Alchornea trewioides*） （叶盲症摄）

135

海岛苎麻（*Boehmeria formosana*）　（叶盲症摄）

微甘菊（*Mikania micrantha*）　（叶盲症摄）

136

鸡蛋花 （叶盲症摄）

1cm

棉叶珊瑚花（*Jatropha gossypiifolia*）（局部） （叶盲症摄）

黑榆（*Ulmus davidiana*） （叶盲症摄）

广东金钱草（*Desmodium styracifolium*） （叶盲症摄）

杨梅（*Myrica rubra*）　（叶盲症摄）

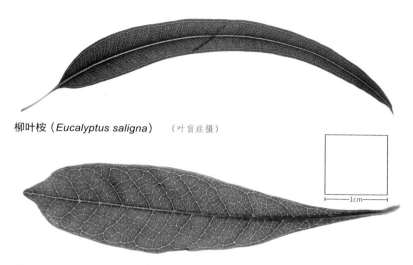

柳叶桉（*Eucalyptus saligna*） （叶盲症摄）

车桑子（*Dodonaea viscosa*） （叶盲症摄）

山茱萸（*Cornus officinalis*） （叶盲症摄）

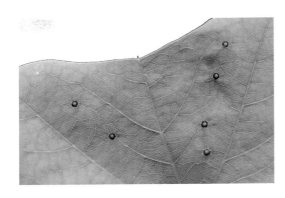

尤卡坦西番莲（局部）
（夏文通摄）

巴豆（*Croton tiglium*）（局部）　（叶盲症摄）

花椒（*Zanthoxylum bungeanum*）（局部） （叶盲症摄）

紫穗槐（*Amorpha fruticosa*）（局部） （叶盲症摄）

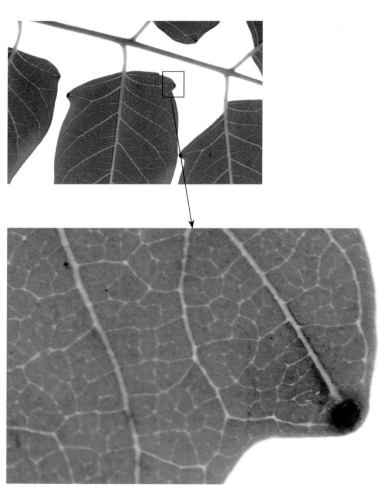

臭椿（*Ailanthus altissima*）（局部）　　（叶盲症摄）

蒲葵（*Livistona chinensis*）（局部）　　（叶盲症摄）

栝楼（*Trichosanthes kirilowii*） （叶盲症摄）

第七章

着生与叶序

着生

着生的原意是指附着于某处生长。对于叶片来说，其着生点位于叶片基部，通常即叶片与叶柄的连接处。对于无柄的叶片，我们可以想象它拥有一条无限短缩的叶柄，即叶柄两端的着生点（叶片附于叶柄、叶柄附于枝条）重合，其着生点即叶片基部与枝条的连接处。

正常

叶片的多种着生方式中，需要我们特别注意的并不多。最普通的方式即着生点位于叶片的边缘，多数叶片都拥有这样的着生方式。

广东万年青（*Aglaonema modestum*）

（桐花如雪摄）

有些叶片的基部向叶片中心凹入，但是其着生点依旧位于叶片的边缘。

仙客来（*Cyclamen persicum*）

（叶盲症摄）

盾状

指着生点在叶片背面的边缘以内。这种叶片也被称为盾形叶。

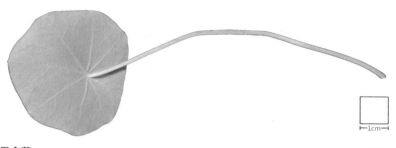

旱金莲

（桐花如雪摄）

蓖麻（*Ricinus communis*）

（桐花如雪摄）

抱茎

指叶片（或类似叶片的结构）包住或部分包住茎。形成环绕结构抱茎的，可以是叶片，也可以是托叶。叶基部抱茎，是指叶片的基部形成环绕结构。

诸葛菜（*Orychophragmus violaceus*）　　　　　　　　（叶盲症摄）

尖裂假还阳参（*Crepidiastrum sonchifolium*）　　　　（孙志尊摄）

150

穿茎

指叶片抱住茎的部分合生到一起，仿佛茎贯穿在叶片中。其中，两枚对生的叶片合生到一起的情况叫合生穿茎。这种情况又叫作穿叶。能够合生形成穿茎的，还有托叶等结构。

杠板归 （卢元摄）

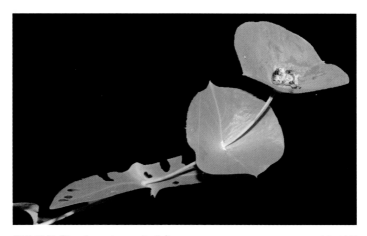

盘叶忍冬（*Lonicera tragophylla*） （卢元摄）

151

叶序

在"抱茎"之前，我们在谈论叶片附于叶柄上的着生；从抱茎开始，就可以认为我们已经在谈论叶柄附于枝条——即叶在茎上的着生了。我们把叶在茎上的排列方式称为叶序。茎上着生叶的部位称为节，相邻两节之间的部分称为节间。

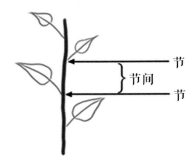

互生

指相邻的叶上下交互出现，每节上只着生一叶。这些叶在茎的两侧生长，并且呈二列状（在同一个平面内）或螺旋状排列在茎上。

榆叶梅

（叶盲症摄）

对生

指每节生两叶，且同一节上的两叶在茎上相对排列。如果叶在茎的两侧成两列且在一个平面内，称为二列对生；如果节上的两叶与相邻两节的两对叶交叉成十字排列，则称为交互对生；此外，并非严格对生的情况，我们称之为近对生。

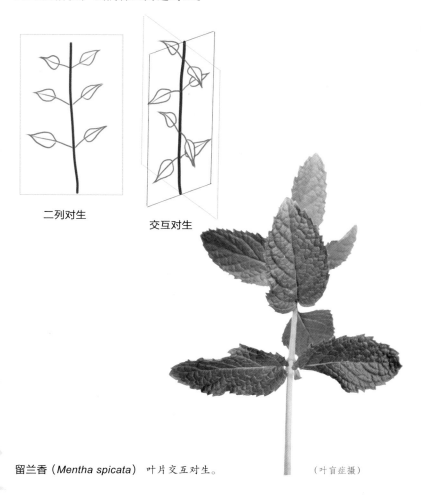

二列对生

交互对生

留兰香（*Mentha spicata*） 叶片交互对生。 （叶盲症摄）

蜡梅（*Chimonanthus praecox*） 叶片二列对生。 （叶盲症摄）

金银忍冬 叶片二列对生。 （叶盲症摄）

轮生

指每节上着生三叶或更多叶。

茜草（*Rubia cordifolia*）

（叶盲症摄）

簇生

指节间短缩密接，使得叶看起来似乎从一处成簇生出。簇生的情况在很多种植物的新生短枝上很常见。有不少植物的老叶互生或对生，但是短枝上的叶为簇生，如枸杞。

枸杞（*Lycium chinense*） （叶盲症摄）

叶镶嵌

　　相邻两节叶的排列，通常总是不相互重叠而成镶嵌状态，这种情形称为叶镶嵌。叶镶嵌使叶片之间互不遮蔽，从而能使植物接受更多的光照。

乌桕

（许剑珍摄）

基生叶与茎生叶

最后再说一说基生叶与茎生叶。在植株茎上靠近根部的地方，茎极度短缩，节间不明显，使得该处的叶子看起来像是从根部发出，这种叶子称为基生叶（如下图）。

与基生叶相反，能明显观察到生长在植物茎上的叶子，则是茎生叶。

蒲公英（*Taraxacum mongolicum*）

（叶盲症摄）

157

吐水现象

我们有时会在清晨看到植物叶片的边缘挂有水珠，这些水珠不一定是空气中的水分凝结成的露珠，它们很可能是由叶片自己吐出来的。

根据前人的观察记录，有三百多个属的植物叶片存在吐水现象，其中包括玉米、油菜、葡萄、榆等。这种现象通常在夜间和清晨容易观察到。

吐水现象受很多因素的影响，当水分供应充足、高温、空气湿度较高以及蒸腾作用减弱时，就容易发生吐水现象。叶片用于吐水的结构被称为排水器，由水孔、通水组织和维管组成。水孔大多存在于叶尖和叶缘，可以视为一种变态的气孔，其保卫细胞失去了关孔的能力。

研究表明，植物吐水现象和其对盐分的吸收之间有明确的互动关

蔷薇属 （许剑珍摄）

系。将根系浸在蒸馏水中，吐水会很快减弱或停止；浸在稀盐溶液中，吐水现象则能持续很长时间。

很多植物的根系被破坏后，便失去了吐水的能力。但是有些植物在没有根系参与的情况下，依然能够发生吐水现象。这两种情况下排水的原理不同，对于前者根部吸水产生的根压是重要影响因素，而后者则是由细胞本身的力量或水的渗透性产生的流体静力压造成的。

吐水也有助于植株排除不需要的成分，例如前人曾观察到虎耳草属的某些种利用吐水排出过剩的钙。

综合多种关于植物吐水现象的研究，可以认为吐水现象是植物的一种正常的生理功能，土壤、大气和植物本身三者间水分的关系是吐水现象发生的重要条件。吐水现象可以作为植物根系生理活动旺盛的指标，当水分过剩且通过蒸腾作用散失的水分较少时，植物就通过吐水现象来实现水分的平衡。

地榆

（叶盲症摄）

赏叶

莲（*Nelumbo nucifera*）　（南门野客摄）

花叶滇苦菜（*Sonchus asper*）(局部)　（叶盲症摄）

蝙蝠葛（*Menispermum dauricum*）　（叶盲症摄）

杨梅（*Myrica rubra*）　（叶盲症摄）

盐芥（*Thellungiella salsuginea*） （叶盲症摄）

枣（*Ziziphus jujuba*） （叶盲症摄）

石榴

—1cm—

（叶盲症摄）

小叶黄杨（*Buxus sinica* var. *parvifolia*）
（叶盲症摄）

平枝栒子（*Cotoneaster horizontalis*）
（叶盲症摄）

羊蹄甲（*Bauhinia purpurea*）　（叶育症摄）

├─1cm─┤

忍冬属（*Lonicera* sp.）　（叶育症摄）

忍冬属 （叶盲症摄）

鹅耳枥（*Carpinus turczaninowii*） （叶盲症摄）

黑面神（*Breynia fruticosa*） （叶盲症摄）

野甘草（*Scoparia dulcis*） （叶盲症摄）

香彩雀（*Angelonia angustifolia*）　（叶盲症摄）

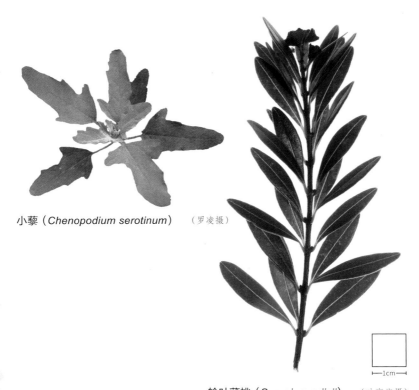

小藜（*Chenopodium serotinum*）　（罗凌摄）

轮叶蒲桃（*Syzygium grijsii*）　（叶盲症摄）

167

白杜（*Euonymus maackii*）　（叶盲症摄）

长隔木　（叶盲症摄）

第八章

复叶

单叶与复叶

单叶是指单一的叶片连接在单一的叶柄上，每个叶柄上只有一片叶。对于无柄的叶片我们把它作为叶柄极度短缩的情况来考虑。

当一个叶柄上生有两片或更多的叶片时（叶片间没有叶肉组织使之相连），我们称之为复叶。复叶由多枚小叶构成，小叶的柄称为小叶柄。小叶着生在叶轴上。依据小叶排列的方式，可以对复叶的类型进行划分。

复叶类型

羽状复叶

指组成复叶的小叶沿叶轴排列于其两侧，类似羽毛状。只有一级羽状排列、叶轴不再分枝的羽状复叶，称为一回羽状复叶。当一个羽状复叶上的小叶数目为单数时，称为奇数羽状复叶；如小叶总数为偶数，称为偶数羽状复叶。

┠1cm┨

火炬树（*Rhus typhina*） 一回羽状复叶、奇数羽状复叶。　　（叶盲症摄）

蒺藜（*Tribulus terrester*）　一回羽状复叶、偶数羽状复叶。

　　叶轴分枝一次后，再生出小叶。小叶连接在小叶轴上，小叶轴连接到叶轴上。这类羽状复叶称为二回羽状复叶。

合欢（*Albizia julibrissin*）　二回羽状复叶、偶数羽状复叶。

　　叶轴分枝两次，小叶通过二级小叶轴连接到一级小叶轴，一级小叶轴再连接到叶轴上。此类羽状复叶为三回羽状复叶。

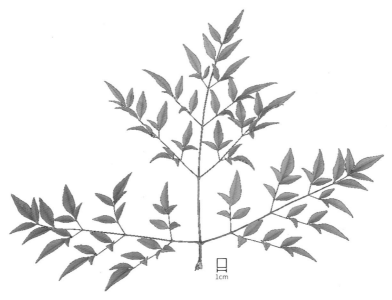

1cm

南天竹（*Nandina domestica*） 南天竹的一片叶子（三回羽状复叶）。　　（朱仁斌摄）

　　南天竹常常被引为示例来说明多回羽状复叶，因为它的复叶足够复杂但是又不至于太复杂。更复杂的例子是幌伞枫，它可拥有四到五回羽状复叶。

幌伞枫（*Heteropanax fragrans*） 幌伞枫分布于我国广东、广西、云南等地。图为幌伞枫的一片叶子（多回羽状复叶）。

幌伞枫的一片小叶。

（夏文通摄）

掌状复叶

叶片由两枚以上小叶构成，小叶都着生在叶柄的顶部。

├─1cm─┤

五叶地锦（*Parthenocissus quinquefolia*） （叶盲症摄）

鹅掌藤（*Schefflera arboricola*） （南门野客摄）

假掌状复叶

　　有些羽状复叶，由于相邻两对小叶之间距离非常近，仿佛小叶自一处发出，给人以掌状复叶的假象。这类复叶也被称为假掌状复叶。

红花锦鸡儿（*Caragana rosea*）

（孙志尊摄）

175

三出复叶

叶片由三枚小叶构成。小叶都着生在叶柄顶部的，为三出掌状复叶；如果叶柄顶部只有一枚小叶着生，两枚侧生小叶在叶轴顶部以下，为三出羽状复叶。

├──1cm──┤

酢浆草　　　　　　　　　　　　　　（叶盲症摄）

草木犀（*Melilotus officinalis*）　　　　（叶盲症摄）

├──1cm──┤

鸟趾状复叶

如果三出复叶的两枚侧生小叶再各自分枝为两枚小叶，则称为鸟趾状复叶。

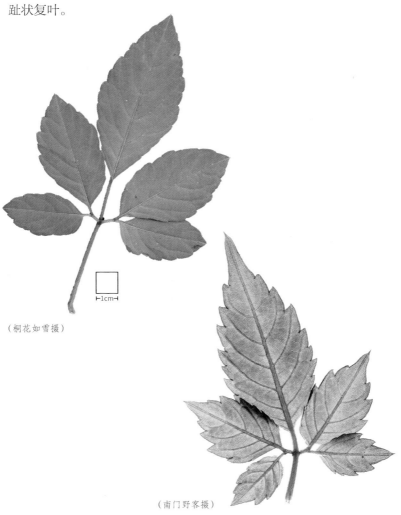

（桐花如雪摄）

（南门野客摄）

乌蔹莓（*Cayratia japonica*） 夏季的叶片（上）和秋季的叶片（下）。

177

单身复叶

指叶轴上具节，且只有顶端一枚叶片。有观点认为单身复叶系由三出复叶的两侧小叶退化而来。

柑橘属（*Citrus* sp.） （夏文通摄）

葫芦茶 （南门野客摄）

　　复叶起源于单叶的分裂。当单叶的裂片分裂至完全独立时，也就成了复叶的小叶。羽状复叶由羽状缺刻演化而来，掌状复叶由掌状缺刻演化而来，二回羽状复叶由一回羽状复叶的小叶再度分裂演化而来……

　　下图中，羽状复叶中部的小叶再度分裂，已有部分裂片完全独立，与其他裂片间没有叶肉组织连接。这种叶片可以理解为一回羽状复叶的小叶继续分裂、向完全二回羽状复叶演化的中间状态。这一类叶片可以称为不完全二回羽状复叶。

1cm

栾树（*Koelreuteria paniculata*）

（叶盲症摄）

179

有时枝条上的单叶排列起来，初看似乎很像复叶，例如在前面章节中出现过的蜡梅、金银忍冬等。但是如果仔细观察，单叶与复叶还是不难区分的。

既然复叶是由单叶缺刻演化而来，那么基本上所有的小叶都在一个平面上。如果叶片呈交互对生或螺旋状排列，基本就能确定是单叶。而对于二列状排列的情况，尽管难以从排列方式判断，但是可以观察叶腋处的腋芽。腋芽是枝条上（叶柄基部）叶腋内的芽，不会出现于小叶柄或叶轴上。所以如果观察到腋芽，那么此处即将长出的就是一枚叶片，进一步观察叶片即可确认是单叶还是复叶。

秋天落叶的时候，叶子通常会从叶柄基部脱落并离开枝条。观察落叶，是否有助于分辨单叶与复叶？如果答案是肯定的，那么在气候温暖、几乎没有寒冬的南方怎么观察落叶呢？

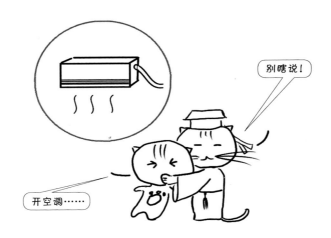

别瞎说！

开空调……

其实常绿植物也会落叶，只不过旧叶落时，新叶已生，于是给人常青的印象。如果仔细观察，还是能看到落叶的。但是有时候复叶的小叶会先脱落，而叶轴过一段时间才会脱落。此外，有些时候枝条也会脱落。所以这个方法并不靠谱。

赏叶

紫穗槐 （叶盲症摄）

黄刺玫（*Rosa* × *anthina*） （叶盲症摄）

⊢1cm⊣

迎春花（*Jasminum nudiflorum*） （叶盲症摄）

紫藤（*Wisteria sinensis*） （叶盲症摄）

1cm

臭椿　　（叶盲症摄）

厚萼凌霄（*Campsis radicans*）　（叶盲症摄）

全缘叶栾树（*Koelreuteria bipinnata* var. *integrifoliola*） （叶盲症摄）

槐（*Sophora japonica*） （叶盲症摄）

绢毛匍匐委陵菜（*Potentilla reptans* var. *sericophylla*） （叶盲症摄）

羽扇豆（*Lupinus micranthus*） （叶盲症摄）

沙田柚（*Citrus maxima* 'Shatian Yu'）　（叶盲症摄）

枳（*Poncirus trifoliata*）　（叶盲症摄）

黄连木（*Pistacia chinensis*） （叶盲症摄）

美国山核桃（*Carya illinoensis*） （叶盲症摄）

羽毛枫（*Acer palmatum* 'Dissectum'）　（叶盲症摄）

小石积（*Osteomeles anthyllidifolia*）　（叶盲症摄）

调料九里香（*Murraya koenigii*）（叶盲症摄）

蓝花楹（*Jacaranda mimosifolia*）（叶盲症摄）

盐肤木（*Rhus chinensis*） （叶盲症摄）

蔓荆（*Vitex trifolia*） （叶盲症摄）

荆条（*Vitex negundo* var. *heterophylla*）　（叶盲症摄）

欧洲七叶树（*Aesculus hippocastanum*）　（叶盲症摄）

1cm

大叶千斤拔（*Flemingia macrophylla*） （叶盲症摄）

1cm

三裂蛇葡萄（*Ampelopsis delavayana*） （叶盲症摄）

银背委陵菜（*Potentilla argentea*）　（曾佑派摄）

掌裂蛇葡萄（*Ampelopsis delavayana var. glabra*）　（曾佑派摄）

龙芽草（*Agrimonia pilosa*）　（叶盲症摄）

第九章

叶的变态

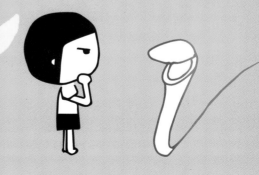

正常情况下，植物叶片的基本功能是负责光合作用和蒸腾作用，然而植物不能像动物那样自由移动，对于身处的周围环境必须有所适应和改变才能更好地生存下去。因此，经过漫长时间的演化，一些植物的叶片在外观和功能上发生了不同程度的改变，以便执行一些特殊功能（如储水、防御、捕虫等）。我们把这种现象称为"叶的变态"，而将发生了变态行为的叶子称为"变态叶"。

变态叶作为植物叶片的一种特殊形态，主要是由生长环境塑造出来的。它们依然具有叶片的基本功能，但是其生长形态有异于普通的叶片。根据形态和功能改变的方向，大致上可分为"发达"和"退化"两大类。不过无论发生何种变化，变态叶都保留了叶片原有的基本特征。

变态叶类型

变态叶一般包括以下几种类型：

肉质叶

也叫储水叶。是指一些植物为适应旱生环境而演化出的异常增厚且多汁的叶子。叶肉中布满由大个的薄壁细胞构成的储水组织，这些细胞通常具有很大的中央液泡，里面充满亲水性胶体。这种增厚的叶片能以更小的表面积获得更多的体积（即增大比表面积），以便贮存更多的水分并减少水分散失，以此来抵抗外界干燥的环境。

景天科所有种类（八宝景天、观音莲等）、百合科十二卷属植物（水晶掌、玉露等）以及其他许多以观叶为主的多肉植物都具有肉质叶。

十二卷属（*Haworthia* sp.）(叶盲症摄)

苞片

苞片作为一种特化的叶，通常位于植物繁殖器官（如花、花序、果实、果序）的下面。苞片的外观通常在大小、颜色、形状或质地上和普通叶片有明显不同。

位于整个花序下面的所有苞片一起构成总苞，总苞中的每一枚苞片称为总苞片；而位于单独一朵花下面的苞片则称为小苞片，小苞片通常不显眼。具有总苞结构的植物常见于菊科、伞形科、壳斗科、天南星科等具有头状、伞形、穗状花序的植物类群中。小苞片则在种子植物中普遍存在。

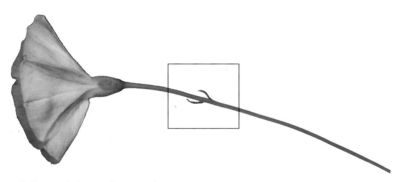

田旋花 小苞片位于单独一朵花下面。 （叶眚症摄）

向日葵（*Helianthus annuus*） 总苞位于整个花序下面。

（叶眚症摄）

苞片的主要功能是覆盖在植物尚未发育成熟的生殖结构外，为其提供一定强度的保护作用。如壳斗科植物（橡果、板栗）的总苞异常发达，并具有一定机械强度；有些种类的总苞表面还具有尖刺，防止里面的果实在尚未成熟时被动物采食。

苍耳（*Xanthium sibiricum*）苍耳的总苞呈囊状，包住果实。
（桐花如雪摄）

毛果青冈（*Cyclobalanopsis pachyloma*）壳斗科植物的总苞在花后增大，呈杯状或囊状。
（桐花如雪摄）

一品红（*Euphorbia pulcherrima*） （孙志尊摄）

有些植物（如一品红、四照花）的花朵十分娇小，很不起眼。为了吸引传粉者前来访花，它们的总苞片显著增大，并具有醒目的色彩（通常为红、粉、白等），如花瓣一样呈辐射状排列在整个花序外围。

四照花（*Cornus kousa* subsp. *chinensis*） （叶盲症摄）

海芋（*Alocasia odora*）　　　　　　　　　　（叶盲症摄）

　　天南星科植物（如红掌、龟背竹、魔芋）的花序外有一枚异常增大的总苞片，因形似佛祖背后的佛光，称为佛焰苞。

　　有些植物（如锦葵科植物、蛇莓、草莓）的总苞片位于花萼外围，外观十分像花萼，称为萼状总苞或副萼片。

芙蓉葵（*Hibiscus moscheutos*）　　　　　　　（叶盲症摄）

叶卷须

在一些茎干比较柔弱的藤本植物中，叶片或叶片的一部分（如托叶、叶柄、复叶顶端的小叶）会变成细长的丝状卷须，可以缠绕在周围其他物体上，以此帮助植物的茎干向上攀爬。具有叶卷须的植物种类很多，根据卷须的来源又可以细分为以下 5 种不同的情况：

* 整片叶子变成卷须：如叶轴香豌豆（*Lathyrus aphaca*），同时基部的一对托叶异常增大，代替正常叶片进行光合作用。

* 上部小叶片变成卷须：羽状复叶顶端的 1 ～ 3 枚小叶退化成具有分枝的卷须。如豌豆（*Pisum sativum*）、山野豌豆（*Vicia amoena*）和锡兰莲属（*Naravelia* spp.）。

山野豌豆 　　　　　　　　　　　　　　　　　　　　　　　　（许剑珍摄）

* 叶尖变成卷须：叶片尖端收缩成狭长的卷须。如嘉兰（*Gloriosa superba*，见第 202 页）。

* 叶柄变成卷须：小叶的叶柄异常发达，可随意旋转缠绕。如铁线莲属（*Clematis* spp.，见第 231 页）。

* 托叶变成卷须：叶柄基部的两枚托叶变成卷须。如菝葜属（*Smilax* spp.，见第 227 页）。

嘉兰（*Gloriosa superba*）

（桐花如雪摄）

叶钩

有些藤本植物没有卷须，却能依靠钩子状的结构攀爬，这种结构便是由羽状复叶顶端的三枚叶片变态而来。如猫爪藤（*Dolichandra unguiscati*，见第 227 页）。

叶刺

　　有些植物的叶子或叶子的某一部分（托叶）会变成锋利的尖刺，称为叶刺。如常见的各种类型的仙人掌（*Opuntia* spp.）和小檗属（*Berberis* spp.）植物。而像刺槐（*Robinia pseudoacacia*）这样的植物则是将托叶变态为刺，称为托叶刺。

　　仙人掌的刺来源于整个退化的叶及其附属的叶芽，因此常形成一个由数枚大小不同的尖刺构成的刺座。整片叶子退化成刺，不但可以最大限度地阻止蒸腾作用散失水分，还可以对贪吃的动物起到很好的防御作用。另外，密集的刺和毛覆盖在植物体表面，能够反射阳光，减少水分散失。

紫叶小檗（*Berberis thunbergii* 'Atropurpurea'）　　　　　（叶盲症摄）

红花锦鸡儿（*Caragana rosea*）　　　　　（叶盲症摄）

鳞叶

　　鳞叶通常是指一些植物体上包裹着的薄而干燥、无柄的膜状结构，通常呈棕色或透明无色。它们的作用是保护位于其下的腋芽。有时，鳞叶也可以是增厚而肉质的，如洋葱和百合的地下球茎就是由厚厚的鳞叶包裹形成，此时鳞叶起到储藏水分和营养物质的作用。鳞叶常出现在寄生植物、腐生植物以及球茎植物中。

酢浆草属（*Oxalis* sp.）　　　　　　　（吴帅来摄）

山桃（*Amygdalus davidiana*）

（叶盲症摄）

捕虫叶

食虫植物生长在严重缺少氮、磷等营养元素的土壤中。为了满足基本生存需要，它们的叶片甚至演化出捕捉和消化昆虫或其他小动物的本领。不同种类的食虫植物虽然亲缘关系较远，却不约而同地用叶子作为捕虫器官。它们的捕虫机制主要有以下 5 种情况：

* **笼状捕虫器**：这种类型的食虫植物将单片叶特化成笼状的陷阱结构，并在笼口分泌出香甜物质或向周围环境中散发特殊气味，引诱猎物上钩。笼口及笼壁十分光滑，虫子一旦掉落笼中，便会被笼中的酸性消化液逐渐分解，成为植物的营养来源。如猪笼草属（*Nepenthes* spp.）、瓶子草属（*Sarracenia* spp.）和土瓶草（*Cephalotus follicularis*）。

* **虾篓式捕虫器**：这种类型的食虫植物通常具有狭小的入口，通过斑斓的色彩和香甜的蜜汁引诱猎物，并巧妙地利用昆虫爱钻洞寻食的天性，一步步引诱猎物深入篓内。由于篓壁上具有向内延伸的毛须，昆虫一旦进入便无法原路返回，只能不断深入捕虫器内部束手就擒。这类捕虫叶主要见于螺旋狸藻属（*Genlisea* spp.）。

猪笼草属（*Nepenthes* sp.）

（郭卫珍摄）

*囊状捕虫器：这种类型的食虫植物具有能产生负压而将猎物吸入的捕虫器。它们通常生活在潮湿的土壤或水体中，由叶片特化而来的捕虫囊有排水机制，可以将囊内的水往外排，形成接近真空的腔室。囊口有一个只能向内单向打开的盖子，一旦囊口外的感觉毛被猎物触碰，盖子便迅速打开，猎物会随着水流的压力被吸入囊中，盖子随即关闭起来将猎物消化。这种捕虫器仅见于狸藻属（*Utricularia* spp.）。

*黏液捕虫器：这种类型的食虫植物依靠叶片表面分泌的浓厚的黏液层或类似蜜露的胶状液珠引诱并粘住猎物，再对其进行分解和消化。如捕虫堇属（*Pinguicula* spp.）和茅膏菜属（*Drosera* spp.）。

茅膏菜（*Drosera peltata*）　　　　　　　　（罗凌摄）

* 夹状捕虫器：主要为捕蝇草（*Dionaea muscipula*）所特有。这种类型的食虫植物具有能够快速关闭的捕虫夹。捕蝇草叶子的末端是由叶片中脉连接的两个贝壳状瓣片，即捕虫夹，这是它捕食猎物的主要部位。两个瓣片的边缘长有许多细长的刺齿，外观类似人类的睫毛。当叶片闭合时，这些刺齿会互相交错，构成一个牢笼，防止猎物逃脱。捕虫夹的两个瓣片内侧生有几根细毛，这些毛是感应器和触发器，能使捕虫夹在十分之一秒的时间内合拢。但是，只有一根毛被触碰还不足以使捕虫器闭合，必须有至少两根毛被先后触碰，且时间间隔在 20 秒之内才行。一旦闭合，捕虫夹就会分泌消化液，将猎物溶解吸收。

捕蝇草　　　　　　　　　　　　　　　　　　　　　　（叶盲症摄）

叶状柄

生活在干旱或热带地区的一些植物叶片退化，而叶柄却异常增大，变成绿色的扁平状假叶，代替真正的叶片进行光合作用。这些假叶叫作叶状柄。由于叶柄上没有气孔，这种假叶不能进行蒸腾作用，因而可以减少体内水分的散失。如相思树属（*Acacia* spp.）和假叶树属（*Ruscus* spp.）。

银叶金合欢（*Acacia podalyriifolia*）
（王正伟摄）

生殖叶

有些植物会在叶片边缘、尖端或叶柄与叶片连接处长出完整的小苗芽，每一个小苗芽与叶片分离后都可以长成一个独立的个体。具有这种"胎生"功能的叶片称为生殖叶。这类植物中常见的有落地生根（*Bryophyllum pinnatum*）、一些热带睡莲（*Nymphaea* spp.），以及某些蕨类植物，如胎生狗脊（*Woodwardia orientalis* var. *formosana*）、胎生铁角蕨（*Asplenium indicum*）。

壳斗

当我们走进我国的天然林，最有可能遇到的植物就是壳斗科（Fagaceae）植物。从大兴安岭的针阔混交林到西双版纳的热带雨林，都有它们的身影。在占我国森林主体的亚热带常绿阔叶林中，壳斗科是最重要的建群植物；在四川、云南等地的亚热带高山地区，高山栎类常组成单一的纯林。壳斗科植物的坚果是林中哺乳动物和鸟类重要的能量来源，有些栽培种（如板栗、锥栗等）是重要的木本粮食作物，它们的叶子还是多种蝴蝶的食物，而且木材材质优良，生态价值与经济价值巨大。

"壳斗"是指该科植物独特的总苞。壳斗的形态在分类上具有重要的价值。据《中国植物志》记载，该科在中国有7个属。下面我们就一起来看看我国森林中高度多样化的壳斗科植物。

水青冈属（*Fagus*）是落叶类乔木，也是壳斗科的模式属。其壳斗具较长的总梗，在该科中十分独特，壳斗外壁的小苞片呈短线状或钻尖状。

水青冈（*Fagus longipetiolata*）　（青冈摄）

栗属（*Castanea*）是我们平时接触最多的壳斗科植物，我国大江南北几乎都有种植。街头的糖炒栗子几乎是人见人爱的零食，板栗（*Castanea mollissima*）还可以制成各种糕点和饮料。可是，栗子好吃却不好剥，因为它的壳斗被"全副武装"了起来，简直是植物界的"刺猬"。

板栗

（青冈摄）

板栗有个亲戚叫锥栗（*Castanea henryi*），也是个"刺儿头"——这一家子都不好惹。不过和板栗相比，锥栗就小众多了，有些人甚至都没有听说过。但是，福建的朋友就耳熟能详了，因为福建的建瓯是我国锥栗栽培历史最悠久、栽培面积最大、品种资源最多的地方。锥栗的果子是圆圆的，而板栗的果子绝大多数都有一个"平面"。这是因为，锥栗的壳斗里一般只有一个坚果，而板栗的壳斗里则有两到三个，所以那个"平面"是挤出来的。

锥栗 （青冈摄）

同为壳斗科的植物还有锥属（*Castanopsis*）。拉丁名后缀 -opsis 是相似的意思，说明它和栗属很像——很多种锥属植物的壳斗也具有针刺一般的小苞片。

| 栲（*Castanopsis fargesii*） | 红锥（*Castanopsis hystrix*） |
| 高山锥（*Castanopsis delavayi*） | 元江锥（*Castanopsis orthacantha*） |

（青冈摄）

　　该属植物的果实很多都是甜的，这一点也像栗属，但种植用来食用的几乎没见报道。这个属中有几个"奇葩"（如下图），它们的壳斗小苞片一点都不扎手，相反却很温顺，有的分类学家甚至想将它们独立成一个新属了。

鬵蓢锥（*Castanopsis fissa*）

枹丝锥（*Castanopsis calathiformis*）

（青冈摄）

　　栎属（*Quercus*）的适应能力最强，小苞片也不扎手，我国南北方森林里都可以觅得它们的踪影，有些种类甚至在高山上做起了"隐士"。生活在北方森林里的是落叶栎类，冬天就变得光秃秃的了；而在我国南方的森林里，落叶类和常绿类都能见得到。

炭栎（*Quercus utilis*）
炭栎与锥连栎为常绿类。

锥连栎（*Quercus franchetii*）

（青冈摄）

| 槲栎（*Quercus aliena*） | 枹栎（*Quercus serrata*） |
| 栓皮栎（*Quercus variabilis*） | 麻栎（*Quercus acutissima*） |

槲栎、枹栎、栓皮栎、麻栎均为落叶类。 （青冈摄）

高山上还有一群栎属的兄弟姐妹长得太像了，面对它们，很多分类学家都犯糊涂，索性称其为"高山栎复合群"！

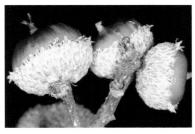

高山栎属（*Quercus* sp.）　　　　　　高山栎单优群落景观

（青冈摄）

青冈属（*Cyclobalanopsis*）的壳斗大概是所有壳斗里最具喜感的了，其小苞片是一圈一圈的同心环状，这也是该属最易识别的特征。看到类似的壳斗就猜是青冈属，有九成概率会是正确的。北方的同学可能对它们比较陌生，因为这个属的植物几乎没有哪种可以向北越过秦岭—淮河线。

| 雷公青冈（*Cyclobalanopsis hui*） | 厚缘青冈（*Cyclobalanopsis thorelii*） |
| 薄片青冈（*Cyclobalanopsis lamellose*） | 滇青冈（*Cyclobalanopsis glaucoides*） |

（青冈摄）

柯属（*Lithocarpus*）又名石栎属，我国共有 120 多种柯属植物，其壳斗形态的多样性应该是壳斗科植物中最高的。柯属也就成了不少研究者在野外最想碰到的属，因为随时会有惊喜。

黑家柯（*Lithocarpus magneinii*）｜厚鳞柯（*Lithocarpus pachylepis*）

壶嘴柯（*Lithocarpus tubulosus*）｜茸果柯（*Lithocarpus bacgiangensis*）

（青冈摄）

前面说过了，看到小苞片呈一圈一圈的形状，猜青冈属会有九成正确率，那一成的错误就出在柯属上。黑家柯的小苞片也是一圈一圈的。所以啊！莫道柯属无圈圈……我国单个壳斗最大的植物就是这个属的厚鳞柯——在网上隔三差五就出来亮个相、但其实并没有神奇作用的"壮阳果"。

来，再让我们感受一下柯属的谜之嘲笑脸——猴面柯（这个物种会让人怀疑自己到底认不认识这个科的植物）：

猴面柯（*Lithocarpus balansae*）

（青冈摄）

苞片也美丽

作为一种特化的叶片，很多苞片比植物的花更美丽，有些植物的苞片甚至承担了部分花冠的功能，担负起吸引虫媒的大任。在很多人工栽培的观赏植物中，苞片也是构成美丽风景的主力。

虾衣花（*Justicia brandegeeana*）　　　　　　　　　　　（桐花如雪摄）

龙吐珠（*Clerodendrum thomsonae*）　　　　　　　　　（桐花如雪摄）

217

粉叶金花（*Mussaenda hybrida* 'Alicia'）　　　　　　　　　　　（桐花如雪摄）

玉叶金花（*Mussaenda pubescens*）　　　　　　　　　　（桐花如雪摄）

花烛（*Anthurium andraeanum*）

（叶育症摄）

马蹄莲（*Zantedeschia aethiopica*）

（罗凌摄）

铁海棠（*Euphorbia milii*） （叶盲症摄）

白苞爵床（*Justicia betonica*） （桐花如雪摄）

珙桐（*Davidia involucrata*） （孙志尊摄）

蕺菜（*Houttuynia cordata*） （郭卫珍摄）

金苞花（*Pachystachys lutea*）　　　　　　　　　　　（叶盲症摄）

叶子花（*Bougainvillea spectabilis*）　　　　　　　（马奇朵摄）

地涌金莲（*Musella lasiocarpa*）

（桐花如雪摄）

赏叶

台湾相思（*Acacia confusa*） （南门野客摄）

泽漆（*Euphorbia helioscopia*） （罗凌摄）

蒲公英属（*Taraxacum* sp.） （叶盲症摄）

泥胡菜（*Hemistepta lyrata*） （叶盲症摄）

蛇莓（*Duchesnea indica*） （叶盲症摄）

白姚扇（*Opuntia microdasys* subsp. *microdasys*） （叶盲症摄）

菝葜　（许剑珍摄）

菝葜　（许剑珍摄）

猫爪藤　（桐花如雪摄）

滴水珠（*Pinellia cordata*） （金强摄）

半夏（*Pinellia ternata*） （叶盲症摄）

花南星（*Arisaema lobatum*） （孙志尊摄）

一把伞南星（*Arisaema erubescens*） （罗凌摄）

229

棒叶落地生根（*Bryophyllum delagoense*） （朱攀摄）

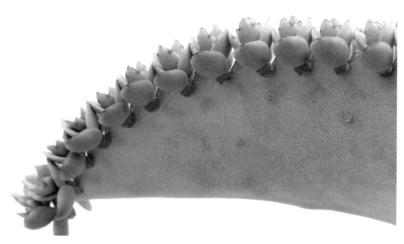

大叶落地生根（*Kalanchoe daigremontiana*） （许剑珍摄）

铁线莲属 (*Clematis* spp.)　（桐花如雪摄）

铁线莲属 （桐花如雪摄）

第十章

叶的色彩

植物叶片除了在形态和构造上变化多端以外，在色彩方面也有非常丰富的变化，并且常常伴随四季交替而改变。叶片与花朵、果实一样，用它们缤纷的色彩一同构成了绚烂夺目的大自然。

叶片的呈色机制

作为植物营养器官的重要组成部分，叶片的色彩变化虽不及繁殖器官（花和果实）那么丰富，但在呈色机制上与之类似，这些色彩均来源于细胞中所含有的植物色素。在高等植物（除海藻以外）中，与叶片色彩有关的色素，按化学结构可分为四大类：叶绿素、类胡萝卜素、类黄酮（主要为花青素）和甜菜素（如表 1 所示）。

表 1　与叶片色彩有关的高等植物色素及其主要特征

色素	主要类型	颜色	举例
叶绿素	叶绿素 a 和叶绿素 b	绿色	所有绿色叶片
类胡萝卜素	胡萝卜素	橙色	黄色的叶片，如银杏、榉树、金钱松
	叶黄素	黄色	
类黄酮	花青素	红、紫、蓝	红色、紫红色的叶片，如红枫、紫叶李、红叶石楠
甜菜素	甜菜红素	红、紫	仅见于石竹目植物，如甜菜的红色叶柄、叶子花的苞片
	甜菜黄素	橙、黄	

叶绿素和类胡萝卜素都属于脂溶性色素，主要存在于植物细胞的质体内。叶绿素呈绿色，是植物体中最重要的光合色素。所有的陆生植物都包含两种类型的叶绿素，即叶绿素 a 和叶绿素 b，它们是叶绿体中的重要成分，主要功能是吸收可见光中的红光和蓝紫光。叶绿素不仅在绿色叶片中存在，在幼嫩的茎、枝条和果实中也广泛存在，这些器官同样能够进行光合作用。

类胡萝卜素种类很多，目前已经被发现和描述的类胡萝卜素超过600 种，其中最常见的包括橙色的胡萝卜素、黄色的叶黄素和红色的番茄红素。除叶片外，类胡萝卜素还常存在于植物的其他器官中并显现不同的颜色。如胡萝卜的橙色主要来自胡萝卜素，而番茄、西瓜的红色则来自番茄红素。

花青素是自然界中分布最为广泛的一种色素，已鉴定的种类超过550种，几乎存在于高等植物的所有组织中，并能够在叶、茎、根、花和果实中显现颜色。花青素是水溶性色素，主要分布于细胞的液泡之中，呈现的颜色与液泡液的 pH 值密切相关：酸性时呈红色，碱性时呈蓝色，中性时呈紫色。同时花青素呈现的颜色还受无色化合物诸如辅色素和金属离子等物质的影响。花青素在花瓣和果实中的显色最为常见，在叶、茎和贮藏器官中亦较普遍。例如，红色、蓝紫色或黑色的果实（草莓、蓝莓、黑莓、桑葚）或其他贮藏器官（紫薯、红皮萝卜、紫甘蓝）。

红枫

(郭卫珍摄)

甜菜素为红色或者黄色的色素，主要有甜菜红素（呈红色或紫色）和甜菜黄素（呈黄色或橙色）两大类，已经分离鉴定出 55 种，可于花瓣、根、茎和叶中显色。目前陆生植物中仅见于石竹目，在核心石竹目的绝大部分科中均有发现，如仙人掌科、苋科、紫茉莉科、商陆科、番杏科、马齿苋科等。常见的有红色的甜菜根、红色果肉的火龙果、红叶的苋菜、叶子花的红色苞片等。

一般来说，外观呈现绿色的叶片通常既含有叶绿素，又含有类胡萝卜素和花青素，而叶色的呈现往往与叶片中各种色素的种类、含量和分布比例有关。当叶绿素含量远高于其他色素的时候，绿色就掩盖了其他色素的颜色，使叶片呈现绿色。叶片呈现彩色的直接原因就是叶片中色素的种类和比例发生了变化。比如叶绿素减少会导致叶片黄化，花青素积累会导致叶片变红。

在植物生长的不同阶段，各类色素的组成和含量会受到来自内、外两方面因素的综合影响而发生变化，因而呈现出各种叶色。影响叶色变化的外部因素主要有光照、温度、水分等，这些外部因素会影响植物体内的光合作用、水分代谢、矿物质代谢等生理生化过程，从而引起植物叶片内各种色素的比例发生变化，使得叶片呈现不同色彩。

例如，温度可明显影响叶片中的叶绿素和花青素含量。低温、昼夜温差增大会使细胞中可溶性糖含量增加，有利于花青素的积累，而叶绿素在低温时容易降解，使得叶片颜色发生变化。

榉树

（马奇朵摄）

季相色叶的呈色机制

　　季相色叶是指正常生长的叶片在生长季的某个阶段（如春、秋两季）呈现出绿色以外的其他颜色。这一现象常见于温带落叶植物，主要表现在新叶和老叶上。气候因素（光照、温度、水分）是引起季相色叶变化的主要原因。

　　春季叶片刚刚萌发，叶绿素合成还较少，花青素在各种色素中占主导作用，所以幼叶通常呈现红色、紫红色。如我国北方常见的鸡爪槭、七叶树以及南方常见的枫香、红叶石楠、荔枝、铁力木、蒲桃等。但随着叶片逐渐成熟，由于叶绿素的增加和花青素的降解，到了夏季叶片则变成了绿色。

　　秋冬季在低温的作用下，叶绿素合成受阻，已有的叶绿素也被破坏降解，使得类胡萝卜素的黄色相对显现；而增大的昼夜温差又使得花青素得以合成并累积。在多种色素的配合下，秋色叶树种便有了红、紫红、橙、黄、黄绿等多种色彩，如槭属、花楸属、漆属和枫香、黄栌、银杏、无患子等。部分常绿植物的老叶也会出现类似的变红现象，比如香樟、薯豆、杜英等。

地锦（*Parthenocissus tricuspidata*）

（郭卫珍摄）

常年异色叶的呈色机制

常年异色叶植物是指在整个生长周期内其叶片都呈现出绿色以外的其他色彩，简称常色叶类。这类植物包括单色叶类和多色叶类（我们在此主要讨论单色叶类）。

常色叶类植物大多是由芽变或杂交产生，并经人工多代选育将其变色特性固定下来的园艺品种，其叶片在整个生长期内呈现异色。目前认为常年异色的表型来源于控制叶色的基因突变，具体机制还有待进一步深入研究。

有的植物常年呈现红色叶，这种情况是叶片中花青素与叶绿素的比值较高引起的。当红色遮盖了绿色，叶片就呈现鲜红色、紫红色、紫黑色等不同变化，如红枫、紫叶李、红花檵木、紫叶小檗等。

有的植物常年呈现黄色叶，这主要是由于这类植物的叶绿素合成部分受阻，导致叶片中叶绿素含量处于比较低的状态，被类胡萝卜素反超，于是绿色被黄色覆盖，形成淡绿色或黄绿色的叶片。这样的叶片在园艺上常被称为"金叶"，如金叶连翘、金叶小檗、金叶女贞等。

金叶榆　　　　　　　　　　　　　　　　　　　　（叶盲症摄）

斑色叶的呈色机制

斑色叶类植物是指绿叶上具有其他颜色的斑点或条纹，通常包括点斑（洒金）、线斑（条纹）、块斑（团块或镶边）等多种花样。不同式样的变色原理有所不同，简单列举如下：

* **点斑**：该类植物叶片上随机分布着点状的黄斑，园艺上通常称为"洒金"。这种情况通常认为是由相关的花叶病毒侵染宿主引起的。如洒金蜘蛛抱蛋、洒金桃叶珊瑚等。

洒金桃叶珊瑚（*Aucuba japonica* 'Variegata'）

（叶盲症摄）

* **线斑**：该类植物叶片上的色斑呈线状分布，依据部位不同又细分为：

① 边缘线斑。即色斑沿叶缘分布，一般常称为"金边"或"银边"，如金边吊兰、金边阔叶山麦冬、金边冬青卫矛等。

黄金百合竹（*Dracaena reflexa* 'Song of India'）

（莫海波摄）

② 中心线斑。即色斑位于叶片的中心位置，常沿中脉分布，一般称为"金心"或"银心"，如金心冬青卫矛、银心吊兰。

③ 沿脉线斑。即叶脉的颜色发生变化，一般称为"金脉"或"银脉"，如金脉美人蕉、金脉爵床等。

金脉爵床（*Sanchezia oblonga*） 　　　　　　　（莫海波摄）

彩叶木（*Graptophyllum pictum*） 　　　　　　　（莫海波摄）

　　* **块斑**：该类植物叶片上的色斑呈块状不均匀分布，有时还具有两种或多种色块，一般称为"花叶"，如花叶胡颓子、花叶锦带花、三色金丝桃等。

　　后两种斑色叶的呈现一般认为是由嵌合体发育所致。被子植物的梢端分生组织有三个相互区分的细胞层，叫作组织发生层。植物的组织即由这三层细胞分别衍生形成。在正常情况下，这三层细胞具有相同的遗传物质基础；如果层间或是层内不同部位之间发生突变导致遗传物质基础出现差异，就形成了嵌合体。遗传嵌合体细胞的斑点在叶片上随机分布，便产生了各种花斑现象。

斑叶芒（*Miscanthus* 'Zebrinus'）

（叶盲症摄）

赏叶

花叶栉花竹芋（*Ctenanthe lubbersiana* 'Variegata'） （叶盲症摄）

花叶黄槿（*Hibiscus tiliaceus* 'Tricolor'） （莫海波摄）

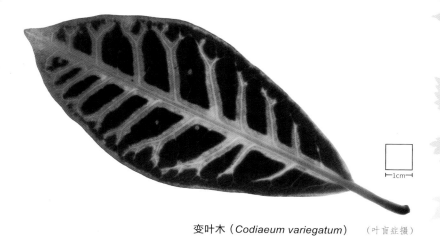

┌─┐
│ │
└─┘
├─1cm─┤

变叶木（*Codiaeum variegatum*）　（叶盲症摄）

白纹白花紫露草（*Tradescantia fluminensis* 'Quicksilver'）　（莫海波摄）

鸡冠花（*Celosia cristata*）　（叶盲症摄）

花叶血苋（*Iresine* 'Party Time'）　（莫海波摄）

紫叶矮樱 （叶盲症摄）

彩叶草（*Plectranthus scutellarioides*） （叶盲症摄）

侧柏属（*Platycladus* sp.）　（莫海波摄）

火炬树　（叶盲症摄）

246

花叶芋（*Caladium bicolor*） （夏文通摄）

花叶艳山姜（*Alpinia zerumbet* 'Variegata'）（局部） （叶盲症摄）

彩叶凤梨　　（莫海波摄）

彩叶凤梨　（莫海波摄）

附录

- 植物的学名从何而来
- 如何拍出教科书般的叶片照片
- 常见树木叶形归纳

植物的学名从何而来

在对生物的分类研究中，学者们对生物类群进行了命名和等级划分。七个主要的级别分别是"界""门""纲""目""科""属""种"。在这七个主要的级别之间，还有一些次生级别，如"亚科""族""亚种"等。

在研究植物的过程中为了交流和理解方便，需要给每种植物指定一个公认的唯一的名称，这样才能避免出现"一物多名"或"一名多物"的情况。因此就有了植物的学名。

植物的学名是用拉丁文书写的符合《国际植物命名法规》中各项原则的科学名称，每种植物有且只有一个。1867 年在巴黎召开的第一届国际植物学会议通过了《国际植物命名法规》，并在之后的国际植物学会议上不断修订。根据该法规，一个物种完整的学名必须符合双名命名法（双名法是由林奈创立的），即要求一个物种的学名必须用两个拉丁词或拉丁化的词组成：第一个词是属名，表明该种所处的属；第二个词为种加词。两个词共同组成一个种名。属名的第一个字母要大写，种名及下级名称的首字母均小写。（这里的下级名称指的是亚种或变种。亚种是次于种的一个种级分类等级，与同一种内的其他居群在地理分布上有明显界线，在形态特征上有一定差异。变种由原种变生而来，产生了差异性变异。）

命名法规还规定，在双名后应该附上命名人的名字（姓氏），以示负责且便于查证。因此一个正规的植物学名至少应该是这个样子（以葡萄的学名为例）：

Vitis vinifera L.

（L. 是葡萄的命名人林奈的姓氏缩写，有时也用 Linn. 来表示。）

由于在不同阶段人们对某些植物的研究和认识不同，会出现后人更正前人错误的情况。例如蜡梅，早期林奈将之命名为 *Calycanthus praecox* L.，但是后来的研究认为蜡梅不应归入 *Calycanthus* 这个属，而是属于另外一个属，于是蜡梅被更名为 *Chimonanthus praecox* (L.) Link，Link 是重新命名的人。（按照命名法规的规定，当一种植物的分类位置发生变化时，如果是同级变化，学名中发表最早的种加词应保留，同时将原命名人放在括号内，后面再加上新的命名人。）

打碗花的学名是 *Calystegia hederacea* Wall. ex. Roxb.，其中的 ex. 连接了两个名字。这表示前者 Wall. 是发现该种的命名人，他以某种方式（会议、出版物、标本或名录）使用了这个名称，但是没有用拉丁文公开发表（这样的名字称为裸名，不受命名法规保护）；而后者 Roxb. 是用拉丁文公开发表这个种的命名人，将前人的名字放在前面以示尊重。

有些植物的学名中，会出现用 et 连接起来的名字，这表明该物种系两名学者联合发表。例如流苏树，其学名为 *Chionanthus retusus* Lindl.et Paxt.。

在物种名字的部分中，有时会出现"三名"。这种情况下，除了"双名"之外，这部分还包含了种的下级名称，例如亚种、变种或变型（形态差异较小的物种类型）。具体写法是在种名与下级名称之间加入表示其等级的缩写：subsp. 或者 ssp. 表示亚种，var. 表示变种，f. 表示变型。

例如：

暴马丁香

Syringa reticulata subsp. *amurensis* (Rupr.) P. S. Green et M. C. Chang

慈姑

Sagittaria trifolia var. *sinensis* (Sims.) Makino

重瓣棣棠花

Kerria japonica (L.) DC. f. *pleniflora* (Witte) Rehd.

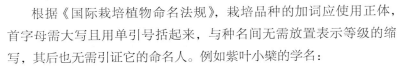

根据《国际栽培植物命名法规》，栽培品种的加词应使用正体，首字母需大写且用单引号括起来，与种名间无需放置表示等级的缩写，其后也无需引证它的命名人。例如紫叶小檗的学名：

Berberis thunbergii DC. 'Atropurpurea'

如果在属名与种加词之间出现了一个"×"，那表示这个物种是一个杂交种。例如西府海棠的学名：

Malus × *micromalus* Makino

在正式的学术文章中，应该书写完整的学名。但是在其他场合中为阅读方便、节省篇幅，可省略命名人。当没有指明某个属下的具体的种，或者不知道所见植物为该属下哪个具体的种时，可以用属名加上 sp. 来表示。例如 *Malus* sp. 表示苹果属下的某个种。当指称某属下的多个种时，用 spp.（sp. 的复数形式），例如 *Malus* spp. 表示苹果属下的多个种。

除双名法外，《国际植物命名法规》还有一些重要的原则：

* 符合法规要求的最早发表的名称为正确的名称；

* 每种植物只有一个合法的正确的名称；

* 给新种命名时，须将研究和确立该种所用的标本永久保存。这个用作种名依据的标本称为模式标本。用作植物属名根据的种，称为模式种。

当我们在文章中论及同一个属下的多个种时，为了方便，在学名第一次出现之后可以将属名缩写。例如我们在讨论苹果属时，第一次出现属名时，不得缩写，必须用 *Malus*；在继续谈论时，不会引起歧义的情况下，容许我们使用缩写，例如将苹果的学名写成 *M. pumila*。如果一篇文章中只论及苹果属植物，那么除首次使用学名外，后续学名中的属名可以一直使用缩写 *M.* 来指代 *Malus*，但是种加词不得缩写。

通常在书写规范中，属名及种加词须使用斜体，命名人用正体。表示种下等级的缩写（如 var. 和 subsp. 等）以及 sp. 和 spp. 也使用正体。

如何拍出教科书般的叶片照片

本书选用了一些精美的叶片照片。这些照片，其实你也可以拍出来，并不需要多么高级的相机，也不需要懂很多的 PS 技巧。不过为了效果，还是要做些准备。

首先你要有一台相机——卡片机即可。然后准备一块黑布，还可以用两块（透明和黑色）亚克力板作为叶片夹。再有一把尺子或带有刻度的参照物就可以开始拍摄了。

你可以把叶片放在黑布上拍摄。对于那些不太服帖的叶片，可以事先压平，或者夹在叶片夹中拍摄。如果可能，建议你一定要同时把尺子也拍进画面中去，这样你在后期处理的时候就能轻易地在照片中加上尺度参照标志。

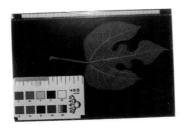

推荐使用黑布作为背景来拍摄。因为透明亚克力还是会有反光，需要在拍摄时花时间找好角度来尽量消除反光的影响，或者在后期消除反光。而且当亚克力板不小心被刮花时，刮痕的影响也不好处理。

后期处理的时候，不会用 Photoshop 也没有关系，我们可以使用"光影魔术手"——一款免费的照片加工软件。

拍照完毕后，将照片导入电脑中，并在光影魔术手中打开照片。可以先对照片进行适度的裁剪、旋转和调整大小。

　　然后通过调整"曲线"使黑色的区域更黑（如下图所示）。最后将照片保存起来，一张效果还说得过去的照片就完成了。

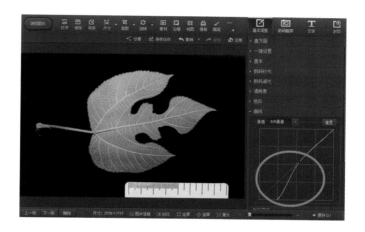

　　想进一步制作尺度标记的话，可以随意打开一张照片，先用"画笔"功能画出一个白色的矩形，然后用"裁剪"功能裁出一个方形的白色图案，再用"另存"功能将其保存为一张新的图片。

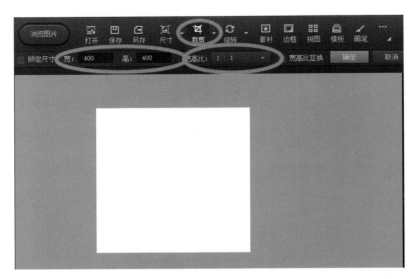

保存好方形的白色图案后，打开刚才处理好的叶片照片。点击画面右边的水印菜单，点击"添加水印"。从"打开"文件窗口中，选择刚刚做好的白色方形图片文件。

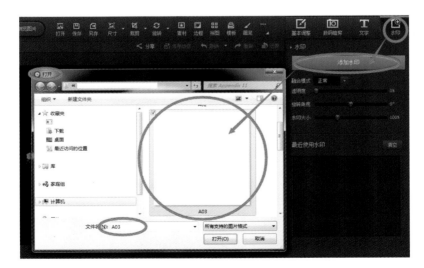

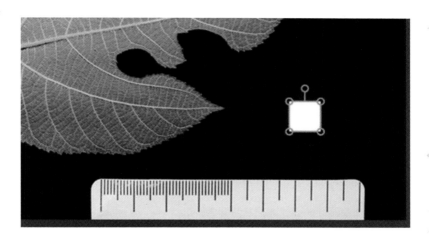

现在可以根据照片中的尺子，调整白色方形水印图案的大小，使其边长符合某个长度，例如 1 厘米。最后通过"裁剪"功能去掉尺子或者用"画笔"功能涂黑尺子，就大功告成了。如果愿意的话，还可以添加些文字说明。成品见下一页。

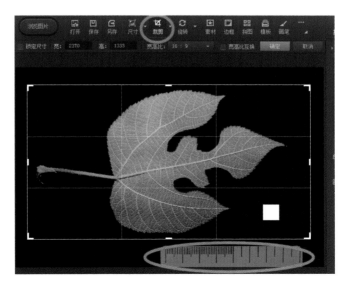

构树
Broussonetia papyrifera

常见树木叶形归纳

植物的叶形变化多端。因此，不能仅仅凭借叶形辨认植物。这个表对常见木本植物的叶形做了一个粗略的分类，能在我们辨认植物时给出一个大体方向。

单叶、互生的植物

叶形	叶缘类型	植物名称
倒卵形	波状钝齿（粗齿）	槲栎、蒙古栎
	钝锯齿	火棘、杜英
	锯齿	欧李
	全缘	黄栌、白玉兰、紫叶小檗
披针形	波状(叶集生枝顶)	杧果
	刺芒状锯齿	栓皮栎、麻栎
	叶上部有齿	大头茶、杨梅、珍珠绣线菊
	锯齿或粗齿	桃、山桃
	锯齿	垂柳、旱柳
	细锯齿	杉木
	近全缘	枇杷
	全缘	黄瑞香、枸杞、结香、中国黄花柳、构棘、照山白
卵形、圆形、椭圆形、菱形等	波状	胡颓子、广玉兰
	刺芒状锯齿	木瓜、贴梗海棠、日本晚樱
	粗齿或缺刻	山桐子、扶桑、桑
	钝齿	木荷、紫叶李
	锯齿	珙桐、梅、梨、粉花绣线菊、马甲子、垂丝海棠、糠椴、杜仲、茶梅、常山
	锯齿（叶基偏斜）	榔榆

（续表）

叶形	叶缘类型	植物名称
卵形、圆形、椭圆形、菱形等	细齿	映山红、秤锤树、山茶、李叶绣线菊、油茶
	疏齿	大叶冬青、白背叶
	圆齿	加杨、冬青、龟甲冬青、苹果、枣
	具齿	石楠、毛樱桃、毛白杨、稠李、山麻杆、栗
	具齿（基出三脉）	拐枣、孩儿拳头、酸枣
	重锯齿	大果榆、鹅耳枥、棣棠、重瓣棣棠、白桦、黑桦、榛
	重锯齿(叶基偏斜)	裂叶榆、家榆
	中上部有齿	朴树
	近全缘	海漆、吊钟花
	全缘	紫荆、乌桕、红花檵木、铁冬青、叶子花、杜鹃、柿、含笑、木榄、喜树、蚊母树、一叶荻、榕树、平枝栒子、金边瑞香、蜡烛果、二乔玉兰、洋紫荆、羊蹄甲、秋茄、君迁子、大花紫薇、紫玉兰、紫薇、波罗蜜、海桐
	全缘（假轮生）	厚皮香
	全缘（离基三出脉）	樟
	全缘（三裂）	柘
	裂或不裂	构、楮
	羽状深裂	山楂
	掌裂	三裂绣线菊、无花果、山楂叶悬钩子、通脱木、木芙蓉、梧桐、八角枫、大麻、枫香、悬铃木、木薯、梵天花、八角金盘

单叶、其他着生方式的植物

着生方式	叶缘类型	植物名称
互生及簇生	具齿	火棘、豪猪刺、扁核木、李属、梨属
	掌裂	佛肚树、刺楸
	全缘	油桐、草海桐、紫叶小檗
轮生	全缘	夹竹桃、栀子
对生	粗齿、钝齿	绣球、冬青卫矛、青榨槭
	疏齿	桃叶珊瑚
	细齿	小叶鼠李、白杜、卫矛、木绣球
	锯齿	荚迷、锦带花、石斑木、太平花、梅、三花莸、木本香薷、冻绿
	上部有齿	金钟花
	全缘或有齿、浅裂	梓、桂花、醉鱼草、六道木、楸
	全缘	黄杨、石榴、野牡丹、紫丁香、暴马丁香、丁香、女贞、使君子、百里香、金银木、蜡梅、白前、蒙古莸、单叶蔓荆、红瑞木、络石、山茱萸、桃金娘、小叶黄杨、毛梾、岗松、茉莉、大青、金丝桃、水团花、小叶女贞、泡桐

常见裸子植物

叶形		植物名称
针形	/	雪松
	三针一束	白皮松
	两针一束	油松、马尾松
	五针一束	乔松、华北落叶松
钻形		柳杉、南洋杉、异叶南洋杉
条形	四棱状条形	白扦、青扦、云杉
	/	水杉、金钱松
	条状披针形	罗汉松
鳞叶		圆柏、侧柏

植物照片索引

谢谢
好孩子们的
阅读

图书在版编目（CIP）数据

好孩子的自然观察课. 叶 / 卢元等著. —北京：商务印书馆，2019
（2022.4 重印）
（自然观察）

ISBN 978-7-100-16635-5

Ⅰ．①好⋯ Ⅱ．①卢⋯ Ⅲ．①叶—少儿读物 Ⅳ．①N49

中国版本图书馆 CIP 数据核字（2018）第 215200 号

本书由陕西省科学院科学普及与科技文化产业专项资助出版
（项目编号：2018nk-17）

好孩子的自然观察课——叶

卢元　郭卫珍　莫海波　等著

商　务　印　书　馆　出　版
（北京王府井大街 36 号　邮政编码 100710）
商　务　印　书　馆　发　行
北京中科印刷有限公司印刷
I S B N　9 7 8 - 7 - 1 0 0 - 1 6 6 3 5 - 5

2019 年 1 月第 1 版　　　　开本 889×1240　1/32
2022 年 4 月北京第 2 次印刷　　印张 8⅝

定价：78.00 元